国家级一流本科课程教材

一流规划教材

一流学科教材
电子信息

计算机程序设计学习实践

基础版

COMPUTER PROGRAMMING
LEARNING PRACTICE

BASIC EDITION

王　雷　李玉虎　唐　建　编著

U0256656

中国科学技术大学出版社

内 容 简 介

考虑到很多程序设计初学者的计算机基础较为薄弱,本书首先从文件操作和文本处理开始,练习计算机的基本操作;然后通过复现和模仿例题来编写简单的程序,在初步认识语法元素的同时了解编程规范,尽早培养良好的编程习惯;接着按照程序设计方法的层级,分别进行结构化编程、模块化编程和系统级编程的实践,在掌握C语言语法的同时,理解并运用不同层级的程序设计方法解决从简单到复杂的计算问题,逐步培养计算思维;最后提供综合测试题及其参考答案以检验学习效果。

本书的实验题目题型丰富、题量充足且难度跨度很大,建议计算机基础薄弱的学习者从头开始练习,有一定编程基础的学习者则可以从难度适当的部分开始练习。本书可作为高等学校理工科专业的计算机程序设计基础实验教材,也可作为相关从业人员的自学用书。

图书在版编目(CIP)数据

计算机程序设计学习实践:基础版/王雷,李玉虎,唐建编著. —合肥:中国科学技术大学出版社,2024.7

ISBN 978-7-312-05939-1

Ⅰ. 计⋯   Ⅱ. ①王⋯ ②李⋯ ③唐⋯   Ⅲ. 程序设计   Ⅳ. TP311.1

中国国家版本馆CIP数据核字(2024)第070363号

计算机程序设计学习实践:基础版
JISUANJI CHENGXU SHEJI XUEXI SHIJIAN: JICHU BAN

出版	中国科学技术大学出版社
	安徽省合肥市金寨路96号,230026
	http://press.ustc.edu.cn
	https://zgkxjsdxcbs.tmall.com
印刷	安徽省瑞隆印务有限公司
发行	中国科学技术大学出版社
开本	787 mm×1092 mm 1/16
印张	18.5
字数	416千
版次	2024年7月第1版
印次	2024年7月第1次印刷
定价	45.00元

前　言

当今时代人工智能(Artificial Intelligence, AI)都已经会编程了,我们还要学习程序设计吗? 其实,从原理上来说,AI并不是真的在"编程",而是通过长时间、大批量地"学习"人类已经编好的程序,针对给定的命题,给出在统计意义上正确概率最高的程序语句组合。所以,现有的AI并不能编写超出人类水平的程序。事实上,由于AI编写的程序还没有足够的可靠性保证,并不能直接用在实际工作中。所以,我们还要学习程序设计。

Python这么香,我们为什么还要学C语言?"计算机程序设计"这门课的前身是"C语言程序设计",之所以改名,就是因为课程的重点不再是计算机语言,而是程序设计。计算机语言只是用来学习程序设计的工具。而只有C语言才能揭示程序设计的本质、展现程序设计的全貌。如果说Python像是工程数学,那么C语言就是数学分析。这里说的程序设计不仅仅是编程,而且还涵盖了分析问题和解决问题的过程。要学习的内容包括语言的成分(语法元素和语法规则)、结构化程序设计(算法设计)、模块化程序设计(软件工程)、系统级程序设计(底层开发)。作为一门基础课,我们当然要学C语言。

一门课真的能学这么多内容吗? 这就是大学课程与中小学课程的不同——每一门课背后都有一套完整而又复杂的知识体系。显然,仅靠课堂上的学习是不可能完全掌握所有知识的。正确的方法是通过课程学习搭建知识体系的框架,通过课外学习,包括后续课程的学习以及在实际的应用中不断填充知识内容。具体到计算机程序设计这门课程,几乎没有什么理论,能学习的知识基本上都是概念和规则,死记硬背没有任何意义,编程实践才是重中之重。与这本实验指导书配套的理论教材是《程序设计与计算思维:C语言版》(电子工业出版社),其作用是搭建本课程的知识体系。而本书的作用就是从计算机的基本操作练习开始,先模仿例题,再程序填空,然后自主编程,最后综合练习,引导学习者逐步提高程序设计能力,并在此过程中培养计算思维和自主学习能力。

本书是国家级一流本科课程"计算机程序设计"的实验教学用书，是安徽省省级示范基层教研室教师们集体智慧的结晶。除了三位作者外，白雪飞、陈凯明、李卫海、凌强、刘勇、秦琳琳、盛捷、司虎、苏觉、孙广中、谭立湘、王百宗、王嵩、吴锋、吴文涛、徐小华、杨坚、於俊、张普华、张四海、赵明、郑重等老师，以及吴敏忠、李磊、李梓宁、袁莘智、梁志伟、李国栋、李康、杜宇、徐式芃、黄治、徐宁、付碧超、杨家豪、王永旗、郑洋、钱俊豪等研究生，均为本书的成稿作出了贡献。

时代不断发展，知识不断更新，学习之路永无尽头，欢迎读者交流与指正。

王 雷

2024年2月于合肥

使 用 说 明

（1）本书为高校本科教育计算机程序设计实验教材，与《程序设计与计算思维》(以下简称配套教材)配套使用。

（2）本书的每节大致对应一次实验(4个实验学时)，教师可根据实际的实验课时选取其中的实验内容。

（3）3.4节"极简教务系统"建议作为大作业实验。

（4）为了便于阅读程序和定位语句，本书为程序添加了行号，行号不是C程序的组成部分，在编写程序时不需要输入。

（5）为了便于阅读，在输入输出样例前也同样添加了行号。

（6）本书的输入输出样例是在Windows 10的64位操作系统＋MinGW编译环境下的运行结果，其他操作系统和编译环境下的运行结果可能会有所不同。

（7）实验要求：

① 无论是程序填空题还是自主编程题，都要在计算机中输入完整的程序代码，并通过调试使其能够正确运行。

② 有算法描述要求的题目，建议使用软件绘制流程图，也可手绘后拍照或扫描成图片放入实验报告中。

目　　录

第1章 基础练习

本书近乎从零基础开始,指导读者快速掌握必要的计算机基础操作,以方便进行后续的计算机程序设计实践。考虑到个人电脑中操作系统的占比,本书只介绍Windows操作系统下的操作过程,并仅展示在Windows 10 64位操作系统下的运行结果。

1.1 基 本 操 作

在开始编程之前,需要先熟悉与目录(也称为文件夹)、文件等相关的操作。很多读者在看到这部分内容时可能会觉得过于简单,这些不应该是人人都会做的事情吗?然而事实并非如此,尽管中学已普遍开设信息技术课程,但仍有相当比例的大学新生不能熟练使用计算机,还有更多的学生并不了解这些操作背后的原理。因此,在基础版的实验指导书中增加基本操作的练习并提供适当的操作提示是非常有必要的。即使已有一定计算机基础的读者,也建议浏览一遍操作提示,也许你能发现一些未曾了解或者并不熟悉的知识。

1.1.1 新建目录与文件

为新的工作建立一个专门的目录,用于存放工作过程中产生的文档,不仅方便将来查找文档,也方便带目录打包和备份文档,是提高工作效率的好习惯。

操作要求:

在当前使用的计算机中,依次完成以下三步操作:

(1) 在D盘根目录下创建以自己学号命名的目录。

(2) 在该目录下创建名为"第1次实验"的目录(本书此后将每次实验时创建的目录统称为"工作目录")。

(3) 在工作目录下创建名为"第1次实验报告.docx"的Word文档。

注:本书此后除了特殊说明外,"点击"都是指鼠标左键单击。

结果示例:

以学号PB20001234为例,操作结果如图1.1所示。

需要注意的是,有些Windows操作系统默认隐藏文件的扩展名,只能看到前半部分的文件名而看不到其后的扩展名,可以通过菜单设置显示完整的文件名,详见操作提示。

图1.1 新建目录与文件操作结果示例

操作提示：

（1）打开电脑，所见信息显示的屏幕区域统称"桌面"（Desktop），在桌面底部通常是任务栏，其左侧有若干图标，其中棕黄色形似文件夹的图标称为"文件资源管理器"，用鼠标左键单击后可以打开，将展示计算机中的一些目录与文件等信息。安装了不同版本Windows操作系统的计算机，展示的界面可能略有不同。

（2）打开后的文件资源管理器分为左右两栏，左栏展示目录信息，右栏展示子目录与文件等信息。在左栏单击任意某个目录名字时，右栏会显示该目录中的文件。

（3）在资源管理器窗口左侧单击鼠标左键选择D盘。"D:"是磁盘的盘符，在其前面通常会有一个磁盘名称，例如图1.1中的"本地磁盘（D:）"，其中的"本地磁盘"就是D盘的名称，可以根据需要修改。

（4）在窗口右侧空白处单击鼠标右键，打开右键菜单后选择"新建"，再选择"文件夹"，即可在D盘根目录下新建目录，并将目录名修改为自己的学号（建议用大写英文字母）。需要注意的是，有些计算机只有C盘，则只能在C盘新建目录。

（5）移动鼠标到该目录名称上，再双击鼠标左键就进入该目录（也可以在窗口左侧滚动鼠标，找到D盘下方的目录名并单击鼠标左键进入该目录）。

（6）鼠标右键单击该目录空白处，新建名为"第1次实验"的目录，即工作目录。

（7）在工作目录的空白处单击鼠标右键，在菜单中选择"新建"，再选择"Microsoft Word文档"，新建一个Word文件，并将文件名修改为"第1次实验报告.docx"。

（8）当操作系统默认不显示文件的扩展名时，可以在资源管理器的"查看"菜单中找到"显示"或者"显示方式"栏目，勾选"文件扩展名"即可在此后显示所有文件的扩展名。注意，"第1次实验报告.docx"的扩展名就是其中字符"."后面部分的"docx"，默认的扩展名是有一定含义的，它表示文件具有某种属性；一般不要轻易更改默认的扩展名。

1.1.2 查找与复制文件

编写C程序时，有时需要查看头文件（扩展名为".h"）等编程环境提供的文件中的具体内容，可在查找到该文件后将其复制到自己的工作目录中。复制这些文件虽然会占用一些存储空间,但对一些重要的文件来说,一方面可以节省以后再查找这些文件的时间,另一方面也可以防止误修改原文件的内容。

操作要求:

在当前使用的计算机中:

(1)查找其中一个C编程软件(Dev-C++、CodeBlocks等)的可执行文件,并将其复制到工作目录(即"第1次实验"目录)中。

(2)查找C编程环境中的stdio.h文件,并将其复制到工作目录中。

结果示例:

完成后的结果如图1.2所示。

图1.2 复制文件到工作目录

操作提示:

(1)在Windows操作系统中安装C语言编程软件(也称为C语言开发环境)的过程可参考附录B。

(2)可通过鼠标右键单击桌面上的C编程软件图标,选择"打开文件所在的位置"直接定位到可执行文件;也可查看"属性"选项,其中的"目标"栏中显示了C编程软件可执行文件的完整目录信息,即"D:\Program Files (x86)\CodeBlocks\ codeblocks.exe";还可通过资源管理器进入到该目录,找到可执行文件。

(3)用鼠标右键单击该文件,在弹出的右键菜单里选择"复制",或者同时按下键盘上的"Ctrl"和"C"键,即组合键"Ctrl+C",复制该文件。

(4)进入到工作目录,在空白处单击鼠标右键,选择"粘贴",或者同时按下"Ctrl"和"V"键,即组合键"Ctrl+V",将文件粘贴到该目录。

(5)右键单击桌面底部任务栏的资源管理器图标,选择"文件资源管理器",打开一个新的管理器,鼠标左键单击左栏的"此电脑",然后在右栏上方"在此电脑中搜索"一栏中输入"stdio.h"后回车,等待搜索结果。

(6)找到"stdio.h"文件后,参照(2)、(3)步骤复制该文件并粘贴到工作目录。

1.1.3 打开文件

在Windows操作系统中,用鼠标左键双击文件名通常就可以打开文件,但打开的方式各有不同。事实上,操作系统是根据文件的扩展名决定如何打开文件的。有些扩展名表示特定类型的文件,以约定俗成的方式打开,比如".exe"表示可执行文件,打开的操作是直接执行该文件中的二进制指令，"txt"表示文本文件，打开的操作是调用记事本程序，查看该文件的文本内容。更多的扩展名则来自于不同的应用程序，在安装这些应用程序时，会将与扩展名的关联关系提交给操作系统（通常是把信息存储到操作系统指定的目录和文件中，也就是所谓的"注册"过程），打开的操作就是调用这些应用程序处理相应扩展名的文件。

值得注意的是，Windows操作系统允许任意程序尝试打开任意文件，但是否能正确打开则取决于程序和文件的具体类型，比如，所有文本类型的文件都能用任意可编辑文本的应用程序打开，但可能存在编码类型不匹配而导致字符显示错误的问题。再比如，记事本程序可以打开任意类型的文件，但只能正确显示其所支持编码类型的字符。

操作要求：

在"第1次实验"目录中：

（1）尝试直接打开（执行）所粘贴的可执行文件（二进制文件）。

（2）用记事本程序（notepad.exe，简称记事本）查看该可执行文件的内容。

（3）用记事本程序查看文本文件stdio.h文件的内容。

结果示例：

（1）可执行文件并不能正确执行（如图1.3所示），其原因是没有在指定的安装目录下运行，而该文件的执行过程中需要打开（计算机术语称为"依赖于"）其他文件，那些文件是预装在安装目录中的，在工作目录中找不到。

（2）两个文件的内容都可以显示出来，但以文本方式打开的二进制文件显示不出有意义的内容，如图1.4所示。

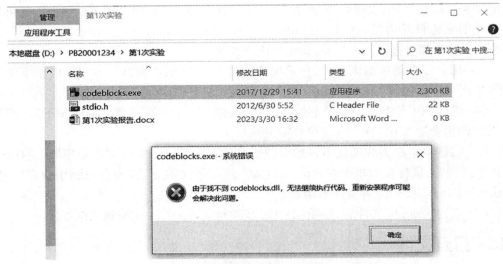

图1.3 在工作目录下尝试执行codeblocks.exe文件

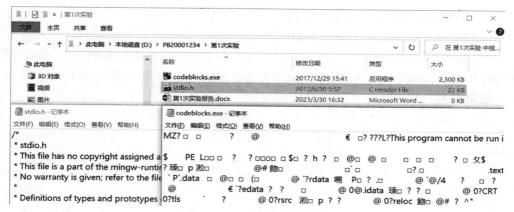

图1.4　用记事本打开二进制文件

操作提示：

在 Windows 操作系统中，以"txt"作为扩展名的文件默认在鼠标左键双击时用记事本程序打开，其他扩展名的文件如需用记事本打开，通常有三种方式：

（1）先打开记事本程序，然后用鼠标左键将要打开的文件拖到记事本中。

（2）在记事本程序的菜单中依次选择"文件""打开"，然后到文件所在的目录中选择该文件，最后鼠标左键双击该文件（或者先用鼠标右键单击该文件，再点击对话框中的"打开"按钮）。

（3）鼠标右键单击该文件，选择"打开方式"，在列表中如能看到记事本，直接选择即可，否则选择"选择其他应用"，寻找记事本程序。

1.1.4　修改文件

Windows 操作系统的用户可以修改文件名（包括文件的扩展名）以及文件内容（只读文件除外）。比如，修改文件中的文字内容，包括编写程序、从其他文件复制一段文本、新建和修改实验报告，等等。需要注意的是，随意修改文件扩展名可能会导致文件打开错误，甚至可能带来安全风险。

文本文件可以用包括记事本在内的很多软件正确地打开和修改。二进制文件虽然也能用记事本等文本编辑软件打开，但通常无法正确读取其中的内容，也就难以进行正确的修改，绝大多数情况下需要使用专门的软件打开与修改。这里需要注意区分文本文件（如 .txt 和 .c 文件）和包含文本的二进制文件（如 .doc 和 .wps 文件）。

操作要求：

在工作目录中：

（1）新建名为 stdio.txt 的文本文件，将 stdio.h 的内容全部复制到该文件中后保存并关闭。

（2）将 C 程序可执行文件（如 codeblocks.exe）的扩展名修改为 txt。

（3）分别用记事本程序查看上述两个文件的内容。

（4）将 stdio.txt 的扩展名修改为 exe，尝试双击打开该文件。

（5）打开"第1次实验报告.docx"文档，分别将 1.1.2 节"查找与复制文件"的操作结果以及用记事本程序查看可执行文件的操作结果截图后粘贴到文档中，然后保存。

结果示例：

第(5)步的执行结果如图 1.5 所示。

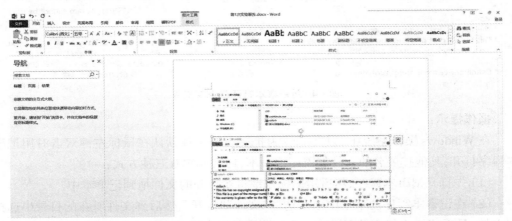

图1.5　在文件"第1次实验报告.docx"中保存图片

操作提示：

（1）在目录空白处单击鼠标右键，在菜单中选择"新建"，再选择"文本文档"，就可以新建一个 txt 文件，再将文件名修改成"stdio.txt"。

（2）鼠标左键双击 stdio.txt，即可用记事本程序打开该文件，而双击 stdio.h，很大可能是用默认的 C 编程软件打开该文件。它们都能进行文本编辑，只要支持的编码标准兼容，就可以复制文本内容。

（3）可以用鼠标左键在 stdio.h 中拖动选择需要复制的内容，然后单击右键选择"复制"，再在 stdio.txt 中单击鼠标右键选择"粘贴"，完成复制和粘贴内容的过程。

（4）以上复制和粘贴的步骤也可以通过键盘的快捷操作完成，即上述的"复制"操作换成组合键"Ctrl＋C"①，上述的"粘贴"操作换成组合键"Ctrl＋V"。

（5）若需要选择整个文件的内容，则在该文件中按下组合键"Ctrl＋A"即可。

（6）按下组合键"Windows 徽标＋Shift＋S"，即可启用 Windows 的截屏功能，此时在拟截取区域（矩形框）的起始点按下鼠标左键，一直拖到拟截取区域的对角点，松手后即完成截图。

（7）鼠标左键双击"第1次实验报告.docx"打开文件，单击鼠标右键选择"粘贴"，将截图粘贴到文件中，之后保存文件。

---

① "Ctrl＋C"组合键，即同时按下"Ctrl"键和"C"键，这里的"＋"号表示"同时按下"。后文相同之处引号一律省略。

1.1.5 上传目录与文件

为了保险起见,在公共机房做好实验后,建议对工作目录中的内容进行备份。除了将选定的文件或目录拷贝到自己的存储设备(如U盘)中以外,在能方便地访问网络的情况下,推荐的办法是将文件或目录上传到网盘中。

中国科大为在校师生提供了免费的云存储平台睿客网(https://rec.ustc.edu.cn/),通过统一身份认证登录后,即可上传本地的目录与文件。

操作要求:

(1)将整个工作目录上传到睿客网。

(2)将整个工作目录压缩成一个文件后上传到睿客网。

(3)将"第1次实验报告.docx"按要求的形式上传至教师指定的网络平台。

结果示例:

登录睿客网后的界面如图1.6所示。

图1.6 登录睿客网后的界面

操作提示:

(1)在登录睿客网后选择"云盘"。

(2)用鼠标左键直接将工作目录拖到已登录的睿客网云盘页面上即可完成上传。

(3)也可以用鼠标或快捷键复制工作目录后,粘贴到云盘页面上完成上传。

(4)在工作目录名上单击鼠标右键,通常可以找到"压缩为zip文件"或者"压缩为rar文件"的选项,选择后即可将整个目录的内容压缩到与工作目录同名的文件中,扩展名为"zip"或者"rar",再将文件拖动或复制粘贴到云盘页面上完成上传。

1.1.6 命令行操作

命令行操作是指在命令提示符下通过键入执行程序名称以及必要的输入参数,再按回车键而执行程序的一种工作方式。现在绝大多数应用程序都是基于图形用户界面(简称图形界面)的,例如,上面介绍的操作都是在图形界面下完成的。命令行操作也简称命令行；使用命令行来操作程序的门槛要高一些，但是在有些情况下很实用。

不同操作系统提供的命令提示符不尽相同。在Windows环境下可通过cmd.exe程序进入命令行，再通过键盘输入命令来执行操作；实际上，它会打开一个可能命名为"命令行提示符"的命令行窗口（该窗口具有简单的图形界面，通过简单的菜单提供一些辅助功能）。由于该程序是模拟DOS（Disk Operating System）操作系统的命令行，因此有时也称为DOS命令行。

操作要求：

通过命令行执行如下操作：

（1）进入工作目录并查看目录中的文件。

（2）用记事本程序分别打开可执行文件和.h文件。

（3）在工作目录中创建一个名为temp的新目录，将可执行文件以文件名"c.exe"复制到该目录中。

操作提示：

（1）按下Win+R键或点击工具栏的"运行"图标进入"运行"窗口，在输入框中键入"cmd"并回车（以下省略"并回车"）即可进入命令行窗口，如图1.7所示。光标左边的命令提示符是当前所在的目录，通常由Windows系统默认的用户目录"C:\Users"和当前的用户登录账号两部分组成。虽然命令行窗口中显示的字母有大写和小写，但实际上并不区分大小写，在系统内部通常会把小写字母转换为大写字母。

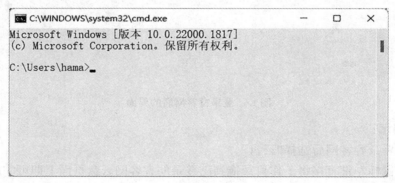

图1.7 打开cmd程序

（2）点击命令行窗口左上角的小图标，在出现的菜单中选择"属性"，可以对窗口的显示方式进行设置。比如，为了能在出版本书时更清楚地印刷窗口内容，将屏幕背景颜色改成接近白色，而将屏幕文字颜色改成了黑色，如图1.8所示。

（3）在命令行输入"d:"即可进入到D盘，默认在D盘根目录，此时光标左边的提示符变成了"D:\"。

（4）输入"cd pb20001234\第1次实验"即可进入工作目录。

（5）输入"dir"即可列出当前目录下的所有目录和文件。

（6）输入"notepad 文件名"即可启动记事本程序打开对应的文件。

（7）输入"mkdir temp"即可在当前目录下创建temp目录。

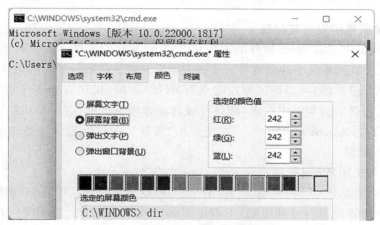

图1.8 在命令行窗口中修改属性

（8）输入"copy codeblocks.exe temp\c.exe"即可完成要求的复制操作。

（9）输入"exit"可以退出并关闭命令行窗口。

1.2 文 字 处 理

本节主要进行办公软件的使用练习,下面将以微软办公软件的使用为例进行介绍。

1.2.1 Word文字处理软件

高效美观的文字编辑与处理是生活、学习、研究及其他各项工作中不可缺少的一部分。简单易用的文字处理软件主要有WPS(Word Processing System)和Office中的Word。

1. 练习要求与课程思政

（1）查找并学习《政府工作报告》最近1~3次。

（2）给《政府工作报告》内容拟一个标题(设置标题格式)。

（3）在标题下方用表格列出《政府工作报告》的主题、时间、地点等。

（4）再在表格下方以图文并茂的方式按表格中的顺序给出《政府工作报告》主题、内容以及场景图片等。

（5）在《政府工作报告》内容的最后以SmartArt图形方式列出主要参加人员。

（6）在《政府工作报告》主要参加人员后,以不同的文字格式给出参考网址(添加链接地址)。

（7）将个人对《政府工作报告》内容学习的心得体会写在参考网址之后。

（8）为编辑的文档添加页眉与页码,根据个人掌握的文字编排要素适当地设置相关内容。

2. Word 2016 使用入门

1）Word 软件的安装与卸载

通过正规渠道获取 Word 软件的安装文件包,直接运行安装。安装时可以设置安装的软件功能、安装到系统中的位置等。安装完成后对软件进行认证后即可使用。

要卸载 Word 软件,可以用鼠标左键点击"开始"菜单,找到 Word 软件后在其上点击鼠标右键,再在弹出的菜单中点击"卸载";或者在弹出窗口里"应用和功能"(或"程序和功能")列表下的"Microsoft Office..."右键点击"卸载",并按照提示卸载相关软件(即从系统中删除此软件)。

2）打开与关闭 Word 软件

用鼠标左键点击"开始"菜单,找到"Word",再点击它即可打开 Word 软件;也可以直接在"文件资源管理器"(或此电脑)里双击要编辑的 Word 文档,来同时打开 Word 软件和被双击的文档。

点击 Word 软件窗口右上角标题栏里的"×"或在键盘上按"Alt＋F4"组合键都可以关闭 Word 软件。

3）创建与保存 Word 文档

在 Word 2016 主界面,点击"文件"菜单后再点击左侧的"新建",在右侧的模板区域有多种文档类型可以选择。点击选择"空白文档",完成创建空文档的操作。也可以在"文件资源管理器"中单击鼠标右键,在弹出的菜单里再点击"新建"里的"Microsoft Word 文档"(接着可以修改文件名),同样可以创建一个空白的 Word 文档。双击新建的 Word 文档可以同时打开 Word 软件与此文档。

在打开文档的 Word 主界面,点击"文件"菜单下的"保存"或"另存为"都可以保存文档,如果是先打开 Word 软件后建立的 Word 文档,则都会进入"另存为"界面,为新建的文档选择存储路径和文件名。否则点击"保存"命令则直接保存文档,点击"另存为"才会进入选择存储路径和文件名的窗口。也可以点击标题栏里的磁盘图标或按 Ctrl＋S 组合键实现 Word 文档的保存。

4）打开与关闭 Word 文档

在 Word 主界面,点击"文件"菜单下的"打开",可打开"最近"使用过的 Word 文档,或点击左侧的"浏览"选择电脑中的 Word 文档进行打开等。也可以在"文件资源管理器"中双击要打开的 Word 文档,同时打开该文档与 Word 软件。

在 Word 软件界面,点击"文件"菜单下的"关闭",可以关闭当前打开的 Word 文档,但不关闭 Word 软件;或点击右上角标题栏里的"×"图标,则同时关闭 Word 软件和文档。

5）在 Word 文档中输入文字

在打开的 Word 文档界面,切换系统中所要使用的输入法,直接在文档中输入文字的位置从键盘输入各种字符。数字一般在不同的输入法下均可直接输入,英文字母和汉字需要切换中英输入法后再输入，特殊的字符一般需要按键盘上的Shift键或Fn键与其他键的组合键进行输入等。在中文输入法打字时，一般在输入完汉字（拼音、五笔等）后按空格键即可实现汉字的输入（输入的是输入法中的第一个词语，其他词语可以通过选择相应的数字进行输入）。

例如，在新文档的第一行输入"Word软件的使用"，并回车；在第二行输入自己的学号，按Tab键后，再输入自己的姓名，并回车。然后点击"插入"选项卡（也称标签菜单），再点击"文本"区域的"日期和时间"，选择全中文格式后，点击"确定"输入当时的日期与时间。

6）在Word文档中对文字进行选择、复制、剪切与移动

将光标定位（在目标位置点击鼠标左键）在准备选择文字的左侧或右侧，按住鼠标左键并拖动鼠标光标至准备选取文字的右侧或左侧，然后释放鼠标左键即可选中单个文字或某段文字。另外，将鼠标光标移动到准备选择行的行前空白处（此时，光标变成为一个箭头，以下称"指针"），单击鼠标左键即可快速选择此行文字；将光标移动到要选的一段文字中的任意位置，连续快速单击鼠标左键三次即可快速选中此段文字。

在选中的文字上方点击鼠标右键，可弹出右键快捷菜单，点击菜单中的"复制"命令，可以实现对选择文字的复制（存入了粘贴板）；再移动鼠标光标到目标位置并单击鼠标右键，点击右键菜单中的"粘贴"命令，就复制选择的文字到了新的位置。以上步骤实现复制文字内容的操作也适合不同软件之间。

在选中文字上方点击鼠标右键时，若点击右键菜单中的"剪切"命令，并移动鼠标光标到目标位置且单击鼠标右键，再点击右键菜单中的"粘贴"命令，就完成了剪切操作，即把原来位置的文字搬移到了新的位置。

在选中文字的上方按住鼠标左键不放，并移动到目标位置后再松开鼠标左键，可以移动文字内容到新的位置，即快速剪切操作。

7）在Word文档中对文字进行修改、删除、查找与替换

在文档中选中准备修改的文字内容，然后选择合适的输入法，输入正确的文字内容即可修改选中的文字内容；或者通过以下的删除操作后，再输入修改后的内容。

在文档中选中准备删除的文字内容，按一下键盘上的"Backspace"或"Delete"（即"Del"）键，即可删除选中的文字内容。另外，在没有选中文字内容的时候，按一下键盘上的"Backspace"键会删除光标前的一个文字，按一下"Delete"（即"Del"）键会删除光标后的一个文字。

将光标定位在文档中的任意位置，单击"开始"菜单下"编辑"区域里的"查找"命令，在弹出的"导航"栏中的文本框中输入要查找的文字内容，如"Word"，并回车后，在文档中会显示该文本所在的页面和位置，并且用突出颜色标出该文字内容，可以点击"导航"栏中的查找结果，或点击上下箭头并按"回车"键进行多个查找文字内容的定位。

点击"开始"菜单下"编辑"区域里的"替换"命令，在弹出的"查找和替换"对话框中的"替换"标签里输入"查找内容"和"替换为"的内容，点击"替换"可以替换一次要替换的内容,并移动到下一个要替换的内容,或单击"全部替换"按钮即可完成全部替换文字内容的操作。

8) 设置文字内容的字体、字号和颜色等格式

选中要进行格式设置的文字内容,点击"开始"菜单下"字体"区域中"字体"右侧的下拉按钮(实心倒三角形),并在弹出的列表框中选择要设置的字体即可对选中的文字设置相应的字体。

选中要进行格式设置的文字内容,点击"开始"菜单下"字体"区域中"字号"右侧的下拉按钮,并在弹出的列表框中选择要设置的字号即可对选中的文字设置相应的字号。

选中要进行格式设置的文字内容,点击"开始"菜单下"字体"区域中"字体颜色"右侧的下拉按钮,并在弹出的列表框中选择要设置的字体颜色即可对选中的文字设置相应的颜色。

用同样方法还可以给文字加粗、变成斜体,加下划线、删除线、上下标或加方框、圆圈、底纹等等。

9) 设置文字内容的段落对齐、缩进和间距等

选中相应的文字段落,点击"开始"菜单下"段落"区域中的对齐(左/中/右和两端对齐)命令进行文字内容的对齐。还可以在"段落"区域中添加编号、修改缩进、填充以及设置表格线等。

选中相应的文字段落,点击"开始"菜单下"段落"区域右下角的"段落设置"按钮,在弹出的"段落设置"窗口的"缩进和间距"标签页可以设置段落的对齐方式、缩进、间距等。

3. Word 2016 使用进阶

1) 在文档中插入图片并设置

将光标定位到文档中要插入图片的位置,点击"插入"菜单下"插图"区域中的"图片"命令,在弹出的窗口选择本地图片到文档中。如点击"插图"区域中的"联机图片"则从网络上选择与插入图片;如点击"插图"区域中的"形状"插入一些规则的图形,如流程图等。

选中(在图片上点击鼠标左键,或用拖选的方式)插入的图片后,点击"格式"菜单下的相应命令,可以调整图片的格式等,如删除背景、调整亮度、颜色和艺术效果等;可以设置图片样式,如设置边框、效果和版式等;还可以设置排列,如位置、环绕文字、层次调整(图片浮于文字上或衬于文字下)以及对齐、组合和旋转等;也可以调整图片的大小,如剪裁、调整高度和宽度等等。

2) 在文档中插入艺术字并设置

将光标定位到文档中要插入艺术字的位置,点击"插入"菜单下"文本"区域中的"艺术字"命令,可选择插入并输入不同类型的艺术字。然后通过"格式"菜单中的命令,可以设置艺术字的形状样式等,如填充颜色、轮廓和效果等;还可以设置"艺术字样式"、设置文字方向和对齐、设置艺术字的排列(如位置、环绕文字、调整层次、对齐和旋转)、设置艺术字的大小等。

3）在文档中插入表格并输入内容

将光标定位到文档中要插入表格的位置，点击"插入"菜单下"表格"区域中的"表格"，在弹出的菜单中可以直接通过移动鼠标指针选择行和列插入表格到文档中；也可以点击弹出菜单中的"插入表格"命令，然后在弹出窗口中指定表格行和列的方式插入表格到文档中；当然，还可以点击弹出菜单中的"手绘表格"命令，进行手动绘制表格。

将光标定位到表格的单元格中，切换所用输入法，即可在表格中输入各种文字内容。

4）文档中表格的修改、删除与设置

将光标定位到表格中要添加行或列的位置，然后单击鼠标右键，在弹出的右键菜单里点击"插入"子菜单下的"在上方插入""在左方插入"等命令，可为现有表格新增加一行或一列。也可以在弹出的快捷工具条中通过相应的操作添加行或列等。

将光标定位到表格中要删除行或列的位置或选中单元格等，然后单击鼠标右键，在弹出的右键菜单里点击"删除单元格"命令，并在弹出的窗口中选择删除单元格的方式，如删除整行或整列等。要删除整个表格，需要把整个表格都选中后再通过鼠标右键菜单中的"删除表格"命令进行删除；也可以在弹出的快捷工具条中通过相应的操作删除行或列等。

将光标定位到表格中要设置边框的单元格或选中单元格等，然后单击鼠标右键，在弹出的快捷工具条中点击"边框"图标右侧的箭头，设置边框线或手动绘制表格等。

以上的功能操作还可以通过"设计"菜单里与表格相关的命令进行。

采用同样的方法，可以给表格或单元格添加底纹、填充颜色、设置表格样式和边框线的粗细等。

5）在文档中插入 SmartArt 图形、设置与输入文字

将光标定位到文档中要插入 SmartArt 图形的位置，点击"插入"菜单下"插图"区域中的"SmartArt"命令，并在弹出的图形选择窗口，选择需要的图形后单击"确定"，即可在文档中插入 SmartArt 图形。

点击插入的 SmartArt 图形，通过"设计"标签里的工具，可以为当前的图形添加形状，更改版式、样式和颜色等。

点击 SmartArt 图形里的"文本"框可以输入不同的内容，点击图片可以插入图片等。

选择 SmartArt 图形中的图形，点击"格式"菜单里的"更改形状"可以修改为不同的形状。

6）在文档中添加页眉、页脚等

在文档中，点击软件"插入"菜单下"页眉和页脚"区域中"页眉"，在弹出的位置选择窗口中，选择合适位置后进入页眉的编辑，此时可以在"设计"菜单里进行不同的编辑操作，如转至页脚、关闭编辑等。

由类似的方法和步骤可以在文档中插入和编辑页脚。

由类似的方法和步骤可以在文档中插入和编辑页码。

4. Word软件的常用技巧

（1）快速回到上次编辑点：使用键盘组合键Shift＋F5。

（2）快速升降文档标题的级别：按组合键Alt＋Shift＋←或Alt＋Shift＋→。

（3）快速复制和移动文本：选中内容后，按Ctrl键，并按住鼠标左键移动到目的地后松开鼠标按键可复制，按住Shift后再按住鼠标左键并移动鼠标到目的地后松开可移动。

（4）文本快速变表格：选中类似表格分布的文本，点击"插入"菜单下的"表格"弹出菜单里的"文本转换成表格"即可。

（5）文本快速分页：另起一页时直接按组合键Ctrl＋Enter。

（6）快速合并多个Word文档：点击"插入"菜单里"文本"区域中"对象"下拉菜单里的"文件中的文字"，然后选中要合并的Word文档即可实现文档的合并。

（7）快速去除文本内容的格式：利用记事本过滤，或粘贴时选择"纯文本"。

（8）选择一个矩形区域里的内容（非整行整列地选）：按住键盘上的Alt键后再用鼠标拖动选择即可。

（9）快速插入日期和时间：组合键Alt＋Shift＋D；组合键Alt＋Shift＋T。

（10）格式刷的使用：将光标定位到已经设置好格式的文本1上，然后点击"开始"菜单里的"格式刷"目录，再去选择文本2，即可把文本2的格式设置成与文本1相同。

（11）文本快速改变为上标或下标：选中文本后按组合键Ctrl＋＝（下标）或Ctrl＋Shift＋＝（上标）。

（12）调整字号（大小）：选中文本后，按组合键Ctrl＋]进行放大，按Ctrl＋[进行缩小。

（13）快速制作联合公文头：选中文字后，点击"开始"菜单里"段落"区域里的"中文版式"里的"合并字符"。

（14）插入公式：点击"插入"菜单里"符号"区域的"公式"命令，可以选择插入常用格式的公式，以及套用公式、墨迹公式等。

（15）导出PDF格式的文件：点击"文件"菜单下左侧的"导出"项，然后点击右侧的"创建PDF文档"命令，按提示显示PDF格式文件的导出。

（16）设定好各级标题的大纲后，点击"引用"菜单下的"目录"区域里的"目录"，可以为文档创建目录。

（17）页边距：点击"布局"菜单里的"页边距"进行页边距的选择或设置。

（18）分屏：点击"视图"菜单里"显示比例"区域中的"多页"等。

1.2.2 PPT演示文稿软件

1. 练习要求与课程思政

（1）查找并学习《政府工作报告》最近1～3次。

（2）然后将《政府工作报告》内容以演示文稿的方式呈现出来，并分享（讲解）给其他人。

（3）给《政府工作报告》内容拟一个标题，作为分享的标题。

（4）演示文稿要包含常规的呈现方式，如音视频、动画、图片、图表和文字等。

2. PowerPoint 2016 使用入门

1）PowerPoint 软件的安装与卸载

PowerPoint 2016 与 Word 2016 和 Excel 2016 都是 Office 2016 的组件，在安装了 Office 2016 的电脑上，一般都包括这 3 个组件。如果没有安装其中的某个组件，那么可以像安装 Word 2016 那样再次运行安装程序进行其他组件的安装。

要卸载 PowerPoint 软件，同样是找到"应用和功能"列表下的"Microsoft Office…"，并按照提示卸载相关组件或整个软件（即从系统中删除此软件）。

2）打开与关闭 PowerPoint 软件

用鼠标左键点击"开始"菜单，找到"PowerPoint"，点击它即可打开该软件；也可以直接在"文件资源管理器"（即此电脑）里双击要编辑的 PowerPoint 文件（简称 PPT），可同时打开 PowerPoint 软件和被双击的演示文稿。

点击 PowerPoint 软件窗口右上角标题栏里的"×"或在键盘上按 Alt＋F4 组合键都可以关闭 PowerPoint 软件。

3）创建与保存 PowerPoint 演示文稿

在 PowerPoint 主界面，点击"文件"菜单后再点击左侧的"新建"，在右侧的模板区域有多种文稿类型可以选择。点击选择"空白演示文稿"，完成创建空白文稿的操作；也可以在"文件资源管理器"中某个文件夹里的空白处单击鼠标右键，在弹出的菜单里再点击"新建"里的"PowerPoint 演示文稿"（接着可以修改文件名），同样可以创建一个空白的演示文稿。双击新建的演示文稿可以同时打开 PowerPoint 软件与此文稿。

在打开文档的 PowerPoint 主界面，点击"文件"菜单下的"保存"或"另存为"都可以保存文稿，如果是先打开 PowerPoint 软件后才建立的演示文稿，则会进入"另存为"界面，为新建的文稿选择存储路径和文件名。否则点击"保存"命令则直接保存文稿，点击"另存为"才会进入选择存储路径和文件名的窗口。也可以点击标题栏里的磁盘图标或按 Ctrl＋S 组合键实现演示文稿的保存。

4）打开与关闭 PPT 演示文稿

在 PowerPoint 主界面，点击"文件"菜单下的"打开"，可打开"最近"使用过的 PPT 演示文稿，或点击左侧的"浏览"选择电脑中的 PPT 文稿并打开；也可以在"文件资源管理器"中双击要打开的 PPT 演示文稿，同时打开 PowerPoint 软件和此文稿。

在 PowerPoint 软件界面，点击"文件"菜单下的"关闭"，可以关闭当前打开的 PPT 文稿，但不关闭 PowerPoint 软件；或点击右上角标题栏里的"×"图标，同时关闭 PowerPoint 软件和 PPT 文稿。

5）在演示文稿中添加或删除幻灯片（页）

打开或新建PPT演示文稿，点击"开始"或"插入"菜单里"幻灯片"区域中的"新建幻灯片"，或按Ctrl＋M组合键等可以在当前幻灯片后添加一张新的幻灯片；也可以先点击左侧的幻灯片预览窗口，再在需要添加幻灯片的地方点击鼠标右键，并在弹出的右键菜单中点击"新建幻灯片"命令，可以快速添加一张幻灯片。

在左侧的幻灯片预览窗口，鼠标右键单击缩略图中要删除的幻灯片，在弹出的右键菜点击"删除幻灯片"命令，可以删除当前的幻灯片。也可以在预览窗口，按住Ctrl或Shift键后再用点击鼠标左键的方式选择多张幻灯片，通过单击鼠标右键菜单里的"删除幻灯片"命令，删除选中的多张幻灯片。

6）在演示文稿中复制或移动幻灯片

打开或新建PPT演示文稿，先点击左侧的幻灯片预览窗口，再在需要复制的幻灯片缩略图上点击鼠标右键，并在弹出的右键菜单中点击"复制幻灯片"命令，可以快速地复制这一张幻灯片。也可以通过右键菜单中常规的"复制"和"粘贴"命令，进行幻灯片的复制。另外，可以先按住Ctrl或Shift键后，再点击鼠标左键的方式选择多张幻灯片，通过单击鼠标右键菜单里的"复制幻灯片"或"复制和粘贴"命令进行多张幻灯片的复制。

同样，通过"剪切"和"粘贴"命令，可实现幻灯片的移动。当然也可以在左侧的幻灯片预览窗口选择要移动的幻灯片后，直接按住鼠标左键并拖动来移动幻灯片。

7）在PPT演示文稿中输入文字与设置格式

打开PPT演示文稿之后，如果是新建的PPT演示文稿，则会提示添加第一张幻灯片，单击以默认的母版和样式添加即可。在第一张幻灯片中单击相应的输入区域，切换系统输入法后可以直接输入标题和副标题等。

选中刚刚输入的标题或副标题（按住Shift可以选择多个元素），通过"开始"菜单里"字体"区域中的相关命令，可以设置文字的字体、字号、颜色和粗体、斜体、下划线等。

8）在PPT演示文稿中设置段落格式

在打开的PPT演示文稿中，添加一张幻灯片，输入标题以及相关的内容。

选中主要内容，点击"开始"菜单里"段落"区域中的相关操作，如设置项目符号、编号、对齐、行距等。也可点击"段落"区域右下角的"段落"，打开"段落"对话框中进行设置，如设置为"左对齐"、无特殊格式、段前0、段后6磅或1.5倍行距等，然后点击"确定"完成设置。

选中主要内容，在其上面点击鼠标右键，在弹出的右键菜单里点击"设置文字效果格式"命令，再点击在右侧打开的"设置形状格式"下的"文本框"标签，点击最下方的"分栏"按钮进行文字分栏的设置，如在弹出的对话框设置分栏数量为2、间距为1厘米等。

9）在PPT演示文稿中插入图形

在打开的PPT演示文稿中，添加一张幻灯片并输入标题。点击"插入"菜单里"插图"区域中的"形状",并在下拉菜单里选择要插入的图形,当鼠标指针变为十字形状后,在幻灯片里点击鼠标左键会放置一个默认大小的形状,也可以在鼠标指针变为十字形后在幻灯片里按住鼠标左键并拖动鼠标来放置合适大小的形状。已经放置的形状在选中后可以进行复制和粘贴等操作。

一般可以直接点击"开始"菜单里"绘图"区域中的形状进行插入,同时还可以通过此处的"排列""快速样式""形状填充/轮廓/效果"等命令进行图形的设置和美化。

插入后的图形在点击选中后可以直接输入文字。或者在图形上点击鼠标右键,再点击右键菜单里的"编辑文字"进行输入。另外,选中图形中的文字后可以设置文字的格式,如字体、字号和颜色等。

在图形上点击鼠标右键,再点击右键菜单里的"编辑顶点"还可以调整图形的形状和/或大小。

10) 在PPT演示文稿中插入图片与表格

在打开的PPT演示文稿中,添加一张幻灯片并输入标题。点击"插入"菜单里"图像"区域中的"图片",在打开的对话框里选择电脑中的图片,并点击"插入"或双击选择的图片将其添加到当前幻灯片中。添加到幻灯片中的图片,可以选择后进行复制和粘贴等操作。双击幻灯片中的图片,还可以通过"格式"菜单里的命令对图片进行各种设置。

在PPT演示文稿中,添加一张幻灯片并输入标题。点击"插入"菜单里"表格"区域中的"表格",在打开的下拉菜单里,可以直接选择表格的行和列,或点击"插入表格"命令输入行和列,也可以点击"绘制表格"命令等为幻灯片添加一张表格。

3. PowerPoint 2016 使用进阶

1) 打开与关闭PPT演示文稿的母版视图

PowerPoint 2016的母版有3种:幻灯片母版、讲义母版和备注母版。其中"幻灯片母版"是设置整个演示文稿的幻灯片中相同内容的统一默认样式等,如标题的字体、字号等;"讲义母版"是设置打印时一页纸摆放多少张幻灯片,以及页眉和页脚等默认样式;"备注母版"是设置幻灯片中备注内容的默认样式。

在打开的PPT演示文稿中,点击"视图"菜单里"母版视图"区域的"幻灯片母版"等,即可进入幻灯片母版等的设计模式(视图)。

在母版设计视图中会出现"…母版"的菜单,在此菜单区域的最后点击"关闭"区域里的"关闭…视图"即可退出母版的设计视图。

2) 在演示文稿中,设置统一的幻灯片背景

在打开的PPT演示文稿中,点击"视图"菜单里"母版视图"区域的"幻灯片母版"命令,进入幻灯片母版的设计模式(视图)。

在"幻灯片母版"菜单下的"背景"区域里可以设置幻灯片背景的颜色、字体、效果和样式,或点击"背景样式"中的"设置背景格式"进行更详细的背景设置,如在右侧"设置背景格式"的"填充"标签里选择"图片或纹理填充"，再选择从文件插入图片作为背景，最后点击"全部应用"可以为所有的幻灯片设置相同的背景。

3）在演示文稿中，设置幻灯片的其他参数

在打开的PPT演示文稿中，点击"视图"菜单里"母版视图"区域的"幻灯片母版"命令，进入幻灯片母版的设计模式（视图）。在"幻灯片母版"菜单里，还可以设置幻灯片的大小（16∶9模式或4∶3模式）、主题、母版版式（占位符等），还可以编辑母版（插入幻灯片母版等）。另外，还可以针对不同的幻灯片母版设置标题版式、字体、样式，等等。

4）设置演示文稿页面的切换效果与速度

在打开的PPT演示文稿中，选中要设置切换效果的幻灯片，再点击"切换"菜单里"切换到此幻灯片"区域的切换方式，为当前幻灯片设置切换方式，在之后的"效果选项"里可以选择不同的效果；在"计时"区域里设置切换计时、持续时间和声音以及换片方式等。

例如，点击"计时"区域的"全部应用"可为所有的幻灯片设置相同的切换方式和效果。

5）在PPT演示文稿的幻灯片中添加与设置超链接和动作按钮

在打开的PPT演示文稿中，在幻灯片中选中要添加超链接的文字等，然后在其上点击鼠标右键，再在弹出的右键菜单里点击"超链接"命令。在打开的"插入超链接"对话框里，设置"链接到"之后的"现有文件或网页"、"本文档中的位置"或"地址"等，并根据所选指定位置，最后点击"确定"，就可以在当前幻灯片中添加一个超链接。

在打开的PPT演示文稿中，选择要添加动作按钮的幻灯片后，点击"插入"菜单里"插图"区域中的"形状"最下方的"动作按钮"进行添加，并在打开的"操作设置"里设置相关的操作即可。

6）在PPT演示文稿的幻灯片中为不同的内容添加动画效果

在打开的PPT演示文稿中，选中幻灯片里要设置动画效果的内容（如文字、文本框、图片、表格、图形等），再点击"动画"菜单里"动画"区域中的动画效果（如"出现""淡出""飞入"等），为选中的内容添加动画效果；也可以点击"动画"菜单里"高级动画"区域中的"添加动画"，为当前幻灯片选中的内容添加动画效果。

然后可以根据需要设置"效果选项"、"触发"方式、"计时"等，或者点击"高级动画"区域里的"动画窗格"命令，进一步调整动画效果、顺序等。

7）在PPT演示文稿的幻灯片中添加具有动作路径的动画效果

在打开的PPT演示文稿中，选中幻灯片里要设置动作路径动画效果的内容（如文字、文本框、图片、表格、图形等等），再点击"动画"菜单里"高级动画"区域的"添加动画"下拉菜单中的"动作路径"，或点击"其他动作路径"进行动作路径的添加，并根据需要设置或调整动画效果和路径等。

4. PPT 演示文稿的使用

1）演示文稿的放映方式

打开 PPT 演示文稿，点击"幻灯片放映"菜单，可以在"设置"区域里通过"设置幻灯片放映"设置幻灯片的放映类型、放映选项、范围和方式等；也可以选择幻灯片后，点击"设置"区域里的"隐藏幻灯片"不放映此幻灯片（再次点击后取消隐藏）；还可以录制幻灯片的演示以方便今后自动放映等。

2）放映演示文稿

打开要演示的 PPT，点击标题栏左侧的第四个图标，"从头开始"放映幻灯片（或按快捷键 F5）；也可以点击右下角缩放比例调整左边的第一个图标（"幻灯片放映"），从当前幻灯片开始放映；还可以点击"幻灯片放映"菜单里"开始放映幻灯片"区域中的"从头开始"或"从当前幻灯片开始"进行幻灯片的放映。

另外，点击"幻灯片放映"菜单里"设置"区域中的"排练计时"可以进行计时练习或计时放映。

5. PPT 演示文稿的快捷应用

（1）点击"开始"菜单里"编辑"区域中的"替换"下拉菜单里的"替换字体"可以一键替换文稿中所有的字体。

（2）点击"幻灯片放映"菜单里"设置"区域里的"设置幻灯片放映"命令，在弹出的窗口中勾选"放映时不加动画"可以在幻灯片放映时关闭动画效果。

（3）实现窗口化预览：点击"幻灯片放映"菜单里"设置"区域中的"设置幻灯片放映"，并在打开的窗口中勾选"观众自行浏览（窗口）"即可。

（4）按快捷键 F4 或 Ctrl＋Y 键，可以重复上一次的操作。

（5）增减撤销的次数：在"文件"菜单里"选项"中的"高级"下设置"最多可取消操作数"。

（6）幻灯片放映时进入下一张：可按快捷键 N、Enter、PageDn 或右箭头、下箭头、空格，或者点击鼠标左键、向下滚动鼠标滚轮等。

（7）幻灯片放映时回退到上一张：可按快捷键 P、Backspace、PageUp 或左箭头、上箭头或向上滚动鼠标滚轮等。

（8）退出幻灯片放映：可以按 Esc 键。

（9）幻灯片放映时，按组合键 Ctrl＋H 隐藏鼠标指针，Ctrl＋A 显示鼠标指针。

（10）幻灯片放映时，按组合键 Ctrl＋P 使用画笔，按 E 可擦除。

1.2.3　Excel电子表格软件

1. 练习要求

（1）建立一个Excel 2016工作簿，完成以下Excel使用入门与进阶中的全部内容。

（2）提交最后的工作簿文件。

（3）对不理解的内容及时搜索并学习使用。

2. Excel 2016使用入门

Excel电子表格，也称工作簿，是工作表的集合。工作表由单元格组成。在工作表中编辑单元格来输入、处理和分析数据。工作簿、工作表与单元格的关系是相互依存的关系，一个工作簿中可以有多张工作表，而一张工作表中又含有多个单元格，三者成为Excel中最基本的3个元素。

1）Excel软件的安装与卸载

Excel 2016与Word 2016和PowerPoint 2016都是Office 2016的组件，在安装了Office 2016的电脑上，一般都包括这3个组件，如果没有安装某个组件，可以像安装Word 2016那样再次运行安装程序进行其他组件的安装。

要卸载Excel软件，同样是找到"应用和功能"列表下的"Microsoft Office…"，并按照提示卸载相关组件或整个软件（即从系统中删除此软件）。

2）打开与关闭Excel软件

用鼠标左键点击"开始"菜单，找到"Excel"，点击它即可打开Excel软件；也可以直接在"文件资源管理器"（即此电脑）里双击要编辑的Excel文件，可同时打开Excel软件和被双击的电子表格。

点击Excel软件窗口右上角标题栏里的"×"或在键盘上按Alt＋F4组合键都可以关闭Excel软件。

3）创建与保存Excel电子表格

在Excel主界面，点击"文件"菜单后再点击左侧的"新建"，在右侧的模板区域有多种表格类型可以选择。点击选择"空白工作簿"，完成创建空白工作簿的操作；也可以在"文件资源管理器"中某个文件夹里的空白处单击鼠标右键，在弹出的菜单里再点击"新建"里的"Excel工作表"（接着可以修改文件名），同样可以创建一个空白的工作簿。双击新建的Excel文件，可以同时打开Excel软件与此工作簿。

在打开或新建工作表的Excel主界面，点击"文件"菜单下的"保存"或"另存为"都可以保存工作表，如果是先打开Excel软件后才建立的工作簿，则会进入"另存为"界面，为新建的文稿选择存储路径和文件名，否则点击"保存"命令则直接保存工作表，只有点击"另存为"才会进入选择存储路径和文件名的窗口；也可以点击标题栏里的磁盘图标或按Ctrl＋S组合键实现工作表的保存。

4）打开与关闭工作簿

在Excel主界面，点击"文件"菜单下的"打开"，可打开"最近"使用过的Excel工作簿，或点击左侧的"浏览"选择电脑中的工作簿进行打开等。也可以在"文件资源管理器"中双击要打开的Excel工作簿，并同时打开Excel软件与此工作簿。

在Excel软件界面，点击"文件"菜单下的"关闭"，可以关闭当前打开的Excel工作簿，但不关闭Excel软件；或点击右上角标题栏里的"×"图标，可同时关闭Excel软件和工作簿。

5）重命名、添加或删除工作表

在要重命名的工作表下方的标签名上单击鼠标右键，然后点击弹出菜单中的"重命名"命令，即可修改工作表的名称，也可以按键盘上的删除键删除后再输入新的名称，最后再按下回车键即可完成工作表的重命名。

在工作簿中单击工作表标签名最后的⊕（"新工作表"）按钮可以为当前工作簿添加一张工作表，也可以在已有的工作表标签名称上点击鼠标右键，点击弹出菜单中的"插入(I)…"命令，并在弹出的窗口里选择"常用"标签里的"工作表"来添加新的工作表。

在工作表下方的标签名上单击鼠标右键，点击弹出菜单中的"删除"命令，可以删除对应的工作表。

6）工作表的选择与切换、移动与复制

当一个工作簿中有多张工作表时，选择与切换工作表的操作是必不可少的。在工作簿下方要切换的工作表标签名上点击鼠标左键，即可切换到此工作表。当前活动（使用）的工作表的标签名是绿色的。

在要复制工作表的标签名上单击鼠标右键，点击弹出菜单中的"移动或复制"命令，并在弹出的"移动或复制工作表"窗口里，勾选"建立副本"后点击"确定"按钮，可在当前工作簿里复制一张工作表。

在要移动工作表的标签名上单击鼠标右键，点击弹出菜单中的"移动或复制"命令，并在弹出的"移动或复制工作表"窗口里，选择"工作簿"选项里的"新工作簿"，点击"确定"按钮后，可以建立一个新的工作簿，并将之前工作簿里的工作表移动到新的工作簿里。

7）选择单元格与输入内容

打开Excel工作簿，选中工作表（在窗口下方点击要进行编辑的工作表标签名），再单击工作表中准备输入内容的单元格，就可以直接在此单元格里输入文字。用相同的方法可以在其他单元格中输入文字。

点击工作表最左侧的行编号数字或上方的列编号字母可选择一整行或一整列单元格，通过拖选的方式可以选择一组连续的单元格。按住Ctrl键，再点击不同的单元格，可选择多个不连续的单元格。

选中单元格后，点击"开始"菜单里"数字"区域中"常规"下拉列表，可以设置单元格的内容类型，如数字、日期、时间、文本等。设置单元格为文本格式后，单元格里可输入任何类型的字符，包括"0123"形式的内容等。若非文本格式，以数字"0"开头的文本，可能会不显示数字"0"。设置单元格为日期格式后,可以输入标准格式的日期等。

在用不同方式选择单元格以后,都可以为选中的单元格设置相同的格式。

8) 为单元格快速填充内容

选择已经输入数据的单元格,将鼠标指针移动至单元格的最右下角上,当鼠标指针变为"+"形状(与通常的鼠标指针不一样的加号)时,按住鼠标左键并向其他单元格拖动鼠标指针至合适位置,然后释放鼠标,即可为其他单元格快速填充相同(或递增)的数据内容。对于数字的单元格,在拖动鼠标之前按住键盘上的Ctrl键,可以实现数字的递增。对于文本格式的单元格,也可得到相同的填充结果。

9) 为工作表或单元格添加与设置边框

选择要设置边框的单元格或整个表格,点击"开始"菜单里"单元格"区域中的"格式"命令,并在弹出的菜单里再点击"设置单元格格式",然后在"设置单元格格式"窗口点击"边框"标签进行边框的设置操作。选择样式和颜色后,点击"预置"或"边框"区域里的相应设置图标完成边框的设置;设置或修改时可以先预置为"无",然后再进行边框的设置。也可以在选中的单元格或需要设置边框的整个表格上单击鼠标右键,在弹出的快捷操作窗口里点击"设置单元格格式"-"边框"后进行边框的设置。

10) 合并与拆分单元格

选中要合并的单元格,然后点击"开始"菜单里"对齐方式"区域中的"合并后居中"命令,即可合并选中的单元格。如果选中的单元格已经是合并的了,则点击"合并后居中"命令会取消单元格之前的合并。或者点击"合并后居中"命令后的倒三角符号,在弹出的菜单里选择是合并还是取消合并。

另外,还可以在选中的单元格上单击鼠标右键,并在弹出的快捷操作窗口里点击"合并后居中"图标进行单元格的合并或拆分(取消合并)。

11) 设置工作表的行高与列宽

选择要设置的单元格,点击"开始"菜单里"对齐方式"区域中的"格式"命令,在弹出的菜单里点击"行高"或"列宽",并在弹出的对话框里输入对应的数值后回车即可完成设置。也可以在行编号上单击鼠标右键,在弹出的菜单里点击"行高"设置一行或多行(需要选中)单元格的高度。同样在列编号上单击鼠标右键,并在弹出的菜单里点击"列宽"设置一列或多列(需要选中)单元格的宽度。

12) 插入或删除行与列

选择要插入行或列的位置,点击"开始"菜单里"单元格"区域中的"插入"命令,点击弹出菜单里的"插入行或列",就可以在选中的行或列前插入行或列。或者在行编号上单击鼠标右键,在弹出的菜单里点击"插入"命令,即可在其前插入一行;在列编号上单击鼠标右键,点击弹出菜单里的"插入"命令,即可在其前插入一列。

选择准备删除的行或列,点击"开始"菜单里"单元格"区域中的"删除"命令,在弹出的菜单里点击"删除行或列",即可删除选中的行或列。

同样,在行或列编号上单击鼠标右键,在弹出的菜单里点击"删除"命令,也可删除相应的行或列。

3. Excel 2016 使用进阶

1) 工作表中单元格的引用:在一个单元格中使用其他单元格中的数据

单元格的引用是用单元格所在的列和行编号表示其在工作表中的位置,如A1(表示第一列、第一行)、D1、C2等。单元格的引用包括绝对引用、相对引用和混合引用3种。

单元格的相对引用是基于包含公式和引用的单元格的相对位置(如A1,D2,…)而言的。如果公式所在单元格的位置改变,引用也将随之改变,如B1单元格的值为A1单元格(即B1单元格中的内容为"=A1",即引用A1单元格),如果把B1单元格复制到C2单元格,则C2单元格的值为B2单元格(即C2单元格的内容为"=B2",即引用B2单元格)。如果多行或多列地复制带公式的单元格,同样相关的单元格引用也会自动调整。默认情况下,新公式使用相对引用。

单元格中的绝对引用则总是引用指定位置的单元格(如A1,D2),即在行和列的编号前都加上了$。如公式所在单元格的位置改变,绝对引用的单元格也始终保持不变,如B1单元格的值为A1单元格(即B1单元格中的内容为"=A1",即始终引用A1单元格),如果把B1单元格复制到C2单元格,则C2单元格的值依然为A1单元格(即C2单元格的内容也为"=A1",即始终引用A1单元格)。如多行或多列地复制包含绝对引用公式的单元格,则绝对引用的单元格不会改变。

混合引用包括绝对列和相对行引用(例如$A1),或者绝对行和相对列引用(例如A$1)2种形式。如果公式所在单元格的位置改变,则相对引用改变,而绝对引用不变。如B1单元格的值为$A1单元格(即B1单元格中的内容为"=$A1",即引用A1单元格),如果把B1单元格复制到C2单元格,则C2单元格的值为A2单元格(即C2单元格的内容为"=A2",即引用A2单元格)。如果多行或多列地复制包含混合引用公式的单元格,相对引用自动调整,而绝对引用不作调整。

2) 电子表格中的公式、运算符及其输入和编辑

Excel中的公式是对工作表中单元格里的数值执行计算的等式,单元格中的公式都以等号("=")开头,通常情况下,公式由函数、参数、常量和运算符组成,更重要的还是单元格中的数据,如在单元格D6中输入"=A1*10/6",表示D6单元格中的数值为A1单元格的值乘以10再除以6。

Excel中的算术运算符用来完成基本的数学运算,如加、减、乘、除等。

Excel中的文本连接运算符可以将一个或多个文本连接为一个组合文本,文本连接运算符为"&"可连接一个或多个文本字符串,从而产生新的文本字符串,如'a'&'b'结果为"ab"。

Excel中的比较运算符用于比较两个数值的大小关系,其结果为逻辑值TRUE(真)或FALSE(假)。

Excel中的引用运算符有3种:冒号、逗号和空格。其中冒号是区域运算符,如在单元格 F1 中输入"＝SUM(A1:D1)"，表示用公式计算 A1 到 D1 单元格(即"A1、B1、C1、D1"4 个单元格)的数值之和并存入 F1 单元格；其中 SUM 是 Excel 中的函数，后面再介绍。逗号是联合运算符，如在单元格 F1 中输入"＝SUM(A1:D1,B2:E2)"，表示对"A1、B1、C1、D1"和"B2、C2、D2、E2"8 个单元格进行求和后存入 F1 单元格。空格是交集运算符，如在单元格 F1 中输入"＝SUM(A1:D1 B1:C4)"，表示对"A1、B1、C1、D1"和"B1、B2、B3、B4、C1、C2、C3、C4"的交集进行求和(即 B1＋C1)并存入 F1 单元格。

在打开的工作簿中新建一个工作表，输入以下内容：

◢	A	B	C	D
1		销量	单价	销售额
2	物品1	276	16,600	
3	物品2	3998	2,200	
4	物品3	4006	2,688	
5	物品4	5123	4,980	
6	物品5	456	1,230	
7	物品6	298	4,560	
8				
9				

在 D2 单元格中输入公式"＝B2*C2"并回车，然后将鼠标指针放在 D2 单元格的右下角，等鼠标指针变为十字形时双击鼠标左键，或按住鼠标左键向下拖动到最后一行实现公式的输入和编辑。

3) 对单元格里的公式进行审核与单元格的自动求和

将上一步中的工作表复制一份并将其标签重新命名为"公式审核"。然后点击"公式"菜单里"公式审核"区域中的"错误检查"命令，并在弹出的"Microsoft Excel"对话框中点击"确定"完成单元格中公式的审核。可根据审核结果修正公式。

在"公式审核"工作表中，选中 D2 到 D7 单元格，点击"公式"菜单里"函数库"区域中的"自动求和"下的"求和"，会自动求 D2 到 D7 单元格的和并填入 D8 单元格，实现自动求和操作。另外，在开始菜单的"编辑"区域里也有"自动求和"的操作命令。

4) Excel 中的函数

Excel 中的函数非常丰富，如统计、计算、财务、查找等类型的函数。在 Excel 中，调用函数时需要遵守 Excel 对于函数所制定的语法结构，否则将会产生语法错误。函数的语法结构由等号、函数名、括号、参数构成，如图 1.9 所示。

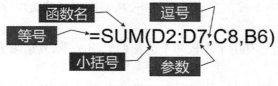

图 1.9 Excel 中的函数

5）在单元格中插入函数

在工作表中，选中要插入函数的单元格，再点击"公式"菜单里"函数库"区域下的"插入函数"，然后在弹出的"插入函数"对话框中，通过"搜索函数""或选择类别""选择函数"找到并选择需要的函数后点击"确定"，注意下方的函数说明。

另外，也可以在选择单元格后，直接在单元格快捷输入区输入函数名与参数等。函数的参数还可以是其他的函数调用，即函数嵌套调用。

6）对数据进行排序

基于上面工作簿中的"格式审核"工作表，复制一份并将其标签重新命名为"排序"。选中复制后工作表中D列，然后点击"数据"菜单里"排序和筛选"区域中的"排序"命令，并在弹出的"排序提醒"对话框里选择"扩展选定区域"后，点击"排序"按钮。在打开的"排序"对话框，选择"主要关键字"为"销售额"、"排序依据"为"数值"、"次序"为"降序"后，点击"确定"，即可完成单条件的排序。

采用同样的方式，如在打开的"排序"对话框里，除了设置"主要关键字"外，可以点击"添加条件"再加一个次要关键字，设置为"单价""数值"和"升序"，完成多条件的排序。

7）对数据进行自动筛选

在打开的工作簿中新添加一个工作表，重命名为"员工工资"，并输入表1.1中的内容。

表1.1 员工工资表

员工工资表									
编号	姓名	基本工资	绩效工资	加班费	缺勤扣款	应发工资	五险一金	税前工资	所得税	实发工资
K001	方建	2500.00	1750.00	200.00	500.00	4950.00	891.00	4059.00	16.77	4042.23
K002	何雨	2000.00	1500.00	200.00	500.00	4200.00	756.00	3444.00	—	3444.00
K003	钱欣	2500.00	1750.00	200.00	500.00	4950.00	891.00	4059.00	16.77	4042.23
K004	周艳	1800.00	2400.00	200.00	90.00	4490.00	808.20	3681.80	5.45	3676.35
K005	李佳	2500.00	1750.00	50.00	500.00	4800.00	864.00	3936.00	13.08	3922.92
K006	段奇	2200.00	1600.00	100.00	500.00	4400.00	792.00	3608.00	3.24	3604.76
K007	高亚玲	2000.00	2500.00	100.00	500.00	5100.00	918.00	4182.00	20.46	4161.54
K008	王杨	1800.00	3600.00	50.00	200.00	5650.00	1017.00	4633.00	33.99	4599.01
K009	刘芮	1800.00	4200.00	50.00	200.00	6250.00	1125.00	5125.00	57.50	5067.50
K010	李倩	1800.00	5300.00	50.00	200.00	7350.00	1323.00	6027.00	147.70	5879.30
K011	张浩	1800.00	3600.00	50.00	200.00	5650.00	1017.00	4633.00	33.99	4599.01

点击"员工工资"工作表中任意有数据的单元格后，再点击"数据"菜单里"排序和筛选"区域里的"筛选"命令，此时工作表进入筛选状态，各字段（成员）标题的右侧会出现一个倒三角。然后，单击"缺勤扣款"右侧的倒三角，在弹出的筛选条件中去掉"90"和"200"

的复选框，就不显示对应的数据了，即实现了自动的筛选显示。

8）对数据进行自定义筛选

基于上一步中的工资表，点击表中任意有数据的单元格后，再点击"数据"菜单里"排序和筛选"区域里的"筛选"命令，此时工作表进入筛选状态，各标题字段的右侧出现一个倒三角。单击"实发工资"右侧的倒三角，在弹出的筛选条件中点击"数字筛选"，选择"大于"，在弹出的对话框里设置大于"4500"，点击"确定"后，就只显示实发工资在4500以上的了，即实现了自定义的筛选显示。

9）在工作表中创建图表

在Excel中，图表主要由图表标题、数据系列、图例项和坐标轴等部分组成，不同的元素构成不同的图表。

将上面的工资表按姓名进行升序排列，然后按住Ctrl键并按住鼠标左键进行拖动，同时选中姓名和实发工资两列，再点击"插入"菜单下"图表"区域中的"柱状图"下的"三维柱状图"，即可为当前工作表中的数据添加图表。

10）调整与美化工作表中的图表

选中图表后，在图表区的四周会出现8个控制点，将鼠标指针移至任何一个控制点上，当鼠标指针变为双向的箭头后，按住鼠标左键并拖动，即可调整图表的相应维度或方向的大小。

选中图表中的文字，如标题等，可以设置文字的字体、大小和颜色等。

在图表上单击鼠标右键，点击弹出菜单里的"设置图表区格式"，在"设置图表区格式"侧边栏可以设置填充、线条及效果等。

4. 电子表格的快捷应用

（1）开启记忆输入：点击"文件"菜单里的"选项"，到"高级"选项里勾选"为第一个值启用记忆式键入"和"自动快速填充"。在此还可以设置"自动插入小数点"以及维数、"允许自动百分比输入"等快捷使用选项。

（2）正确输入分数的方式：0＋空格＋分数。

（3）获取系统日期：Ctrl＋分号键；获取系统时间：Ctrl＋Shift＋分号键。

（4）行列互换：选中数据，复制，点击右键菜单"选择性粘贴"里的"转置"命令，另外在"开始"菜单里"粘贴"中也有相同的操作。

（5）上下标：选中要设置上下标的文本内容，然后点击鼠标右键，在弹出的菜单里点击"设置单元格格式"命令，然后在弹出的窗口中勾选上或下标即可。

（6）清除格式：点击"开始"菜单里"编辑"区域中的"清除"命令，在弹出的菜单里点击"清除格式"即可。

（7）自动调整单元格宽度和高度：在行列编号的单元格分割线上双击鼠标左键。

（8）先输入英文的单引号，再输入身份证号码，就不会变成科学计数法显示了。

（9）点击"文件"菜单里"选项"，到"格式"选项里勾选"自动重算"，及时更新数据。

（10）单元格内按 Alt＋Enter 组合键可以手动在单元格内换行。

（11）点击"视图"菜单里"窗口"区域中的"冻结窗格"可以固定首行等。

（12）公式转数值：选择后复制，然后在粘贴时选择为值即可。

（13）按住 Alt 键，再依次按 V 键和 U 键，可以全屏显示。

（14）选中要复制格式的内容后，双击"格式刷"可以多次复制格式。

（15）右键点击行列的编号，选择"隐藏"可以不显示相应的行列，选择"取消隐藏"恢复显示。

（16）添加一级下拉选择菜单：选中单元格，点击"数据"标签里"数据工具"区域中的"数据验证"，在打开的对话框里设置"允许""序列"，点击来源，输入条目，用英文逗号分隔，或直接选择相关的单元格。

（17）奇偶行填充不同颜色：选中数据区域，点击"开始"菜单里"样式"中"条件格式"下的"新建规则"，点击"使用公式确定要设置格式的单元格"，并在"编辑规则说明"里输入"＝MOD(ROW(),2)"，再点击"格式"设置"填充"颜色，依次确认后完成偶数行设置。

（18）选中表格后，按 Ctrl＋T 组合键可快速设置表格样式。

（19）选中行或列后，按 Alt＋=组合键可快速进行行求和计算。

（20）选中两列后，按 Ctrl＋\组合键可快速比较两列的不同。

1.3　例题复现与编程规范

C语言在设计之初主要关注编码和执行效率，提供了灵活多变的语法，对程序员的约束较少。由于存储空间有限等原因，早期的程序员常常会为了减少程序代码量而写出非常复杂的表达式或语句，难以为其他人所理解。当今的软件开发则更强调交流与合作，遵循一定的程序规范是程序员之间有效沟通的重要基础。

C语言的国际标准是程序规范的重要依据。由于历史悠久，C语言存在 C89（C90、ANSI C）、C99 和 C11 等 3 个标准，并非所有的编译器都支持所有标准，为了保证兼容性（在任何编译器上都能正确编译），本书建议读者在编写程序时尽可能遵循 ANSI C 标准。读者并不需要为此而专门研读标准，与本书配套的教材《程序设计与计算思维：基于C语言》（以下简称为"配套教材"）中讲解的语法与例题几乎都符合 ANSI C 标准，少量的特殊情况会专门予以说明。

程序规范并没有唯一的标准，最重要的一条规则是：**观察已有的可信的范例代码并尝试模仿它**。

对于初学者来说，复现配套教材上的例题是非常重要的学习方法。这件事情没有看上去那么简单，拼写错误、误用中文标点符号、格式不规范、忘记添加注释等问题几乎必然会出现。在开始自主编程之前，完整地敲一遍例题代码，根据编译器给出的提示查找与修改错误，最终得到能顺利运行且格式规范的程序是有效的训练过程。在 C 开发环境中调试程序的过程参考附录B。

以下的例题全部来自于配套教材,并基于本书推荐的程序规范进行了适当修改。本书"1.3.3 循环与重复执行"的学习要点中有部分一般性程序规范的说明。

1.3.1 输入与输出

配套教材例2.2-2:包含完整的数据输入、数据处理、数据输出功能(Input Process Output,IPO)的程序。

功能要求:
从键盘输入体重和身高值,然后计算BMI值,最后在屏幕上输出BMI值。

程序代码:

```
01  #include 〈stdio.h〉
02  int main( )
03  {
04      float bmi,height;   //多个同类型变量放在一起声明,语句更简洁
05      int weight;
06
07      scanf("%d",&weight);   //从键盘接收整数格式的体重值
08      scanf("%f",&height);   //从键盘接收小数格式的身高值
09      bmi=weight/height/height;   //计算BMI的语句
10      printf("%f",bmi);   //在屏幕上打印BMI值
11
12      return 0;
13  }
```

输入样例:

```
01  70
02  1.75
```

输出样例:

```
01      22.857143
```

学习要点:
(1)学习C语言的第一步常常是使用printf函数在屏幕上进行输出,相对应的语句则是使用scanf函数从键盘获取输入。需要注意的是,很多计算机术语在不同的上下文环境中具有不同的含义。大部分情况下,本书使用的"输出"指的是在屏幕上显示文字内容,也称为"打印"。

(2)此后的样例不再区分输入输出,而是按照程序运行的实际显示给出。

(3)本例程序的一个不足是在输入时没有提示,只有通过阅读源程序才能知道应该

输入什么数据,用术语说就是"用户界面不友好"。

1.3.2 条件判断与选择

配套教材例 2.3-1:包含分支语句的程序。

功能要求:

从键盘输入体重和身高值,然后计算出 BMI 值,当 BMI 大于 25 时在屏幕上输出提示语句"你超重了。",否则输出"你没有超重。"。

程序代码:

```
01  #include <stdio.h>
02  int main()
03  {
04      float bmi,height;
05      int weight;
06
07      printf("输入体重(千克):");
08      scanf("%d",&weight);    //从键盘输入整数格式的体重值
09      printf("输入身高(米):");
10      scanf("%f",&height);    //从键盘输入小数格式的身高值
11      bmi=weight/height/height;    //计算BMI的语句
12      if(bmi>25) {//每个分支的语句都加上{}
13          printf("你超重了。");    //当BMI值大于25时,提示超重
14      } else {
15          printf("你没有超重。");    //否则显示未超重
16      }
17      return 0;
18  }
```

输入输出样例:

本例程序增加了输入提示,因此输入与输出连接在一起,也容易理解。输入 80 和 1.75 的运行结果如下所示:

```
01  输入体重(千克):80
02  输入身高(米):1.75
03  你超重了。
```

学习要点:

(1)给出输入提示使得用户交互过程更友好。然而有时会发现显示的中文提示是乱码,通常的原因是当前使用的编程环境的中文编码格式与操作系统的编码格式

不一致。这个问题没有统一的简单解决办法，一般的建议是只使用 ASCII 码表中的字符。

（2）有了分支语句之后，输出结果会随着输入数据的不同而发生变化，使得程序具有最初级的"智能"。

1.3.3 循环与重复执行

配套教材例 2.4-1：对 1~100 累加求和的程序。

功能要求：

对 1 到 100 的整数累加求和并在屏幕上输出计算结果。

程序代码：

```
01  #include <stdio.h>
02  int main()
03  {
04      int i,sum=0;
05      for(i=1;i<=100;i=i+1) {   //变量i在循环头中用以控制循环次数
06          sum=sum+i;   //i在循环体中作为累加运算的操作数
07      }   //即使循环体只有一条语句，也建议用{}括起来，以明确循环体的范围
08      printf("sum=%d\n",sum);   //缺少上面的{}时可能会误认为这条语句
    属于循环体
09      return 0;
10  }
```

输入输出样例：

该程序不需要输入，运行后直接显示计算结果，如下所示：

```
01  sum=5050
```

学习要点：

在程序中直接书写 x=1+2+⋯+100 显然不是我们想要的方式，上面的程序巧妙利用了变量 i，它起到两个作用：① 控制 for 循环的执行次数；② 作为累加求和表达式（运算式）的操作数。读者需要关注 i 在每个地方的准确用法。循环是很重要的程序结构之一，在所有的计算机语言中都会用到，务必熟练掌握。

关于编程规范：

至此，已经展示了最常见的 C 程序结构，可以进一步地阐述编程规范。在编写 C 程序时，应尽可能遵守的一般性原则还包括：

（1）不使用制表符 tab 进行缩进，而是使用空格，每个缩进级别使用 4 个空格。

（2）多个同类型变量应放在一起声明，例如 int a,d,j。

（3）总是在程序块的开头、第一个可执行语句之前声明变量。

（4）分支和循环结构中即使只有一条语句，也应该用{ }括起来。

（5）左花括号总是与关键字（if，for等）在同一行。

注：C语言有32个关键字，分为数据类型和流程控制两大类，前者包括基本数据类型（void、char、int、float、double）、类型修饰（short、long、signed、unsigned）、复杂类型（struct、union、enum、typedef、sizeof）、存储级别（auto、static、register、extern、const、volatile），后者包括跳转结构（return、continue、break、goto）、分支结构（if、else、switch、case、default）、循环结构（for、do、while）。

（6）重要语句的上方或右侧应有适当的注释。本章例题面向初学者，因此注释较多，读者自己编写程序时，通常只需要在分支、循环等语句附近添加一两条必要的说明。

1.3.4　循环与分支

配套教材例2.4-2　包含循环与分支语句的程序。

功能要求：

从键盘输入一个GPA（绩点，中科大GPA满分4.3）值，当GPA＞4.3时，输出"你作弊啦！"，否则输出"还要加油哦～"；重复以上输入输出过程3次。

程序代码：

```
01  #include ⟨stdio.h⟩
02  int main( )
03  {
04      float GPA;
05      int i;    //i作为循环控制变量
06      for(i＝0;i＜3;i＋＋){   //for语句的循环头,循环3次
07      //循环体有多条语句
08          printf("请输入GPA:");
09          scanf("%f",&GPA);
10          if(GPA＞4.3){
11              printf("你作弊啦! \n");   //绩点不能超过4.3
12          }else {
13              printf("还要加油哦~\n");   //要求太高,心情复杂
14          }
15      }   //循环头和循环体一起组成一条for语句
16      return 0;
17  }
```

输入输出样例：

```
01  请输入GPA：5.0
02  你作弊啦！
03  请输入GPA：3
04  还要加油哦～
05  请输入GPA：4.2
06  还要加油哦～
```

学习要点：

（1）本例程序对初学者来说并不容易理解，因此本阶段的学习目标只是能成功编写与运行它，详细的语法知识将在后续课程中继续学习。

（2）C语言习惯从0开始计数，虽然与日常应用不一致，但会为计算带来很多方便，以后就能慢慢体会到了。

（3）这个程序虽然行数不多，但包含了顺序、循环、分支3种最基本的程序结构，无论程序或算法有多复杂，都以这3种结构为基础构成。

（4）修改循环变量值时用了表达式i＋＋。"＋＋"是自增运算符，i＋＋的运算结果与i＝i＋1一样，使得循环控制变量的值增1。

（5）输入3次成绩后程序才结束运行。除了输入小数外，还可以输入整数，也能得到正确的结果。

（6）这个程序其实很不完善，比如当输入负数时仍然会提示"还要加油哦～"，并不能判断出这是一个不合理的输入。显然，这种简单的程序只会按部就班严格按照语句的字面意义执行，而不会自作主张进行额外的处理。本质上，计算机只是执行二进制指令的机器，本身是没有任何"智能"的。

（7）读者还可以尝试删掉后面的printf语句中的"\n"，观察屏幕输出有什么不同。

1.3.5　循环与数组

配套教材例2.4-3　数组与循环配合求数据的平均值。

功能要求：
使用循环对数组中存储的数据进行累加求和，然后计算平均值并在屏幕上输出。

程序代码：

```
01  #include〈stdio.h〉
02  int main( )
03  {
04      float data[5]＝{9.81, 9.80, 9.90, 9.78, 9.85}；  //有初值的数组
05      float sum＝0；  //为求平均值,先要对数据求和,变量sum用于求和,初
    始化为0
06      float ave；  //平均值放在这个变量里
```

```
07        int i;    //循环控制变量
08        for(i=0;i<5;i++){    //对需要计数的循环,用for语句更清晰
09            sum=sum+data[i];    //累加求和,data[i]是数组元素,i从0开始
10        }
11        ave=sum/5;    //计算平均值
12        printf("平均值是%f",ave);    //printf语句的""中可以混合输出文字与数值
13            return 0;
14    }
```

输入输出样例:

该程序不需要输入,运行后直接显示计算结果,如下所示:

```
01    平均值是9.828000
```

学习要点:

(1)数组是批量存储数据的对象,本例中的5个数据存在一个数组中,共用一个数组名data,使用其中的数据时需要通过取下标运算符[]加上数据存储的相对位置进行引用,比如data[1]引用的是在首个数据之后的第1个数据。从这里也能理解为什么C语言要从0开始计数。

(2)循环是批量处理数据的程序结构,与数组搭配使用可以简化算法语句,极大地提高了编程效率。

(3)读者还可以尝试增加数组的存储量,将data[5]中的5修改为8,同时在其后的{}中再添加3个初值,将后面的语句中的5都修改为8,查看运算结果是否符合预期。

第2章　结构化编程练习

结构化程序设计(Structured Programming,SP)一般是指通过形式上的编程控制语句(顺序、选择与循环),去完成数据的运算与处理等(即算法),以实现用计算机程序来解决问题的目的。结构化是一种与计算机语言无关的程序设计思维与方法,强调的是对程序流程的控制。

结构化编程有时也被视为一种程序设计规范,其主要思想包括:采用自顶向下、逐步细化的方法进行程序设计;要求程序结构清晰第一,效率第二;代码缩写要规范,并采用缩进的代码格式;由基本的程序结构(顺序、选择和循环)组合而成。

2.1　数据类型与表达式

本节主要练习数据类型、运算符、运算规则及表达式。

2.1.1　程序填空

根据题目的描述,结合程序中的注释补全空缺的代码,使得程序能够正确运行并得到与输入输出样例相符的结果。

1. 数据的输入与输出

C语言中所有的数据都有明确的数据类型,在输入输出数据时应该使用与类型相匹配的格式,否则可能无法得到预期的结果。

程序代码:

```
01  #include ⟨stdio.h⟩
02  int main( )
03  {
04      char c;
05      unsigned short s;
06      double d;
07      printf("输入一个字符:");
08      c=____;/*从键盘接收一个字符并存到变量c中*/
```

```
09        printf("变量c的值为:____\n",c);   //打印变量c的ACSII码值①
10
11        printf("输入一个无符号短整数:");
12        scanf(      );/*从键盘接收一个无符号短整数到变量s中*/
13        printf("变量s的值为:%u\n",s);   //打印无符号变量s的值
14
15        printf("输入一个实数:");
16        scanf(      );/*从键盘接收一个双精度浮点数到变量d中*/
17        printf("变量d的值为:___\n",d);/*打印变量d的值:要求可自动选择小
      数或指数形式输出*/
18        return 0;
19    }
```

输入输出样例1:

```
01    输入一个字符:A
01    变量c的值为:65
02    输入一个无符号短整数:2
03    变量s的值为:2
04    输入一个实数:1.234
05    变量d的值为:1.234
```

输入输出样例2:

```
01    输入一个字符:1
02    变量c的值为:49
02    输入一个无符号短整数:-1
03    变量s的值为:65535
04    输入一个实数:100000000000
05    变量d的值为:1e+011
```

如本书的"使用说明"所述,此输入输出样例是在 Windows 64 位操作系统+MinGW 环境下的运行结果,其他运行环境下的结果可能会有少许差异,以后不再作专门说明。

学习要点:

(1) printf( )函数和 scanf( )函数能让用户与程序交流,称为输入/输出函数,或简称为 I/O 函数。这两个函数的使用形式非常灵活,但也有一些需要严格遵守的规则。其中,printf( )函数的功能是根据转换说明(conversion specification)符号(如%c、%5.2f,也称为格式字符)把程序中的数据转换成一串字符,然后在屏幕上显示;而 scanf( )函数的功能则是从键盘接收一串字符,然后根据转换说明符号将其转换成相应类型的数据(字符、整数、浮点数或字符串),最后存储到指定变量的地址中。

(2) 这两个函数在格式上有很多相似之处,但工作原理有较大的不同。它们都使用格式字符串和参数列表,主要的区别在参数列表中。printf( )函数的参数是变量、常量和表达式,而 scanf( )函数的参数是变量的地址(将在后面的章节中提及,地址参数其实是指向变量的指针)。

(3) 从键盘输入字符时,对计算机来说接收的其实是字符的 ASCII 编码值。如字符"1"对应的 ASCII 值为49,字符"A"对应的 ASCII 值为65。字符的 ASCII 值本质上是一

---

① ASCII(American Standard Code for Information Interchange),美国信息交换标准代码。

个小的整数，可以参与算术、关系、逻辑等多种运算。

（4）除了%u以外，也可用格式符%d输入输出无符号整数，但由于存在隐式类型转换，可能产生不符合预期的结果。

（5）用scanf()函数从键盘输入的整数如果与格式符指定的类型不匹配，可能出现溢出或截断的错误。如输入"−1"到无符号短整型（unsigned short int，通常占用16位二进制存储空间）变量时，在内存中存储的是16个"1"，即将−1转换为二进制补码后取其低16位（截断）再存储到变量中。当该变量按无符号短整型输出时其显示结果是"65535"。

（6）转换说明（也称为格式字符或格式符）%f用于打印以十进制记数法表示的浮点数，%e或%E用于打印e记数法表示的浮点数。转换说明%g则可以根据值的不同，自动选择%f或%e，%e格式用于指数小于−4或者大于或等于精度时。

（7）修饰符L和浮点转换说明一起使用，表示long double类型的值，比如Lf。

（8）对于浮点类型，有用于double和long double类型的转换说明，却没有float类型的。这是因为在K&R C中，表达式或参数中的float类型值会被自动转换成double类型。一般而言，ANSI C不会把float自动转换成double。然而，为保护大量假设float类型的参数被自动转换成double类型的现有程序，printf()函数中所有float类型的参数仍自动转换成double类型。因此，无论是K&R C还是ANSI C，都没有显示float类型值专用的转换说明。

（9）必须使用转换说明%lf才能正确输入double类型的数据，但输出double类型的数据时既可以使用%f，也可以使用%lf（其中的l常会被忽略）。

2. 数据类型的大小

使用sizeof()运算符（也称为操作符）可以获得操作对象在当前运行环境下所占用内存空间大小（以字节计数），操作对象可以是数据类型、变量、常量以及表达式等。这种做法可以使程序具有更好的兼容性和可移植性。

程序代码：

```
01  #include <stdio.h>
02  int main()
03  {
04      char c='a';
05      int i=6;
06      float f=1.23456789;    //由于有效位数限制，实际存储的值并不是1.23456789
07      double d=1.23456789;    //double类型的有效位数足够存储1.23456789
08      printf("char常量/变量/类型占用字节数:%d,%d,%d\n",
                sizeof('a'), sizeof(c),sizeof(char));
09      printf("int常量/变量/类型占用字节数:%d,%d,%d\n",
                sizeof 123,sizeof(i),_____);
```

```
10        printf("float 常量/变量/类型占用字节数:%d,%d,%d\n",
              sizeof(1.2345f),_____,_____); /* 浮点型常量默认为 double
      类型,需要加上后缀 f 才能视为 float 类型 */
11         printf("double 常量/变量/类型占用字节数:%d,%d,%d\n",
              _____,sizeof(d),_____);
12        printf("表达式++i 占用存储空间字节数:%d\n",sizeof(++i));
13        printf("表达式 c=++i 占用存储空间字节数:%d\n",sizeof(c=++i));
14        printf("i 的值为 _____\n",i);
15        printf("f 的值为%.10f\n", f);    //超出有效位数的数字无效
16        printf("d 的值为%.10f\n", d);    //不足位数用 0 补齐
17        printf("表达式 d+c+i 占用存储空间字节数:%d\n",_____);
18        printf(自指定表达式占用的字节数%d\n",_____); /*自行使用前面定
      义的至少 3 个变量组成一个表达式*/
19        return 0;
20     }
```

输入输出样例:

```
01   char 常量/变量/类型占用字节数:4,1,1
02   int 常量/变量/类型占用字节数:4,4,4
03   float 常量/变量/类型占用字节数:4,4,4
04   double 常量/变量/类型占用字节数:8,8,8
05   表达式++i 占用存储空间字节数:4
06   表达式 c=++i 占用存储空间字节数:1
07   i 的值为 6
08   f 的值为 1.2345678806
09   d 的值为 1.2345678900
10   表达式 d+c+i 占用存储空间字节数:8
11   自指定表达式占用的字节数 4
```

学习要点:

(1) sizeof 操作符事实上只是根据操作对象的数据类型确定其所占据内存空间的字节数,当操作对象是表达式时,并不会计算表达式的值,而是只判定该表达式最终的数据类型。

(2) 当操作对象是数据类型时,sizeof 操作符必须带有小括号( ),比如 sizeof(int),作用于其他对象时可以省略小括号,只要用空格间隔开就可以,比如 sizeof a+5.0。

(3) 目前几乎所有的计算机中的浮点处理器都完全或基本支持的浮点数编码标准是 IEC60559(前身为 IEEE754/854)。

（4）C99标准中表示浮点数的数据类型有float、double、long double 三种，由于有些C编译器不支持C99标准，因此并不总是能在C程序中使用long double 类型。读者可以尝试自行打印long double 类型的大小，以检验当前环境是否支持long double 类型。

3. 浮点数的精度和误差

当代计算机采用二进制表示与存储数据，其他进制的数据在输入到计算机时，需要转换成二进制表示才能进行后续的处理。任何进制的整数都可以精确地转换成二进制整数，但除了一些特例，浮点数不可能完全精确地转换成二进制，存在转换误差。读者可以尝试采用"乘2取整"方法将十进制小数0.1转换成二进制，会发现其结果是一个无限循环小数。另一方面，由于计算机的存储空间有限，表示小数时使用了有限二进制位数的浮点数（float 和 double）标准，因而计算机中的浮点数的精度也是有限的。

程序代码：

```
01  #include 〈stdio.h〉
02  int main( )
03  {
04      float a＝1.75,b＝1.35；    //十进制小数向二进制小数转换时存在误差
05      float c＝a＋b；    //运算时采用存在误差的二进制小数
06      printf(″_____\n″,c,c)；    //分别用％f和％.7f格式输出c的值
07      a＝1.234567898765e10；    //十进制小数向二进制小数转换时存在误差
08      b＝20；
09      c＝a＋b；    //运算时采用存在误差的二进制小数
10      printf(″_____\n″,c,c)；    //分别用％f和％.7f格式输出c的值
11      {  //语句块（复合语句）中可以定义与其他地方的变量重名的变量
12          double a＝1.75, b＝1.35；
13          double c＝a＋b；
14          printf(″_____\n″,c,c)；    //分别用％f和％.10f格式输出c的值
15          a＝1.234567898765e10；
16          b＝20；
17          c＝a＋b；
18          printf(″_____\n″,c,c)；    //分别用％f和％.10f格式输出c的值
19      }  //语句块结束
20      return 0；
21  }
```

输入输出样例：

```
01   3.100000,3.0999999
02   12345678848.000000, 12345678848.0000000
03   3.100000, 3.1000000000
04   12345679007.650000, 12345679007.6500000000
```

学习要点：

（1）默认的"%f"格式以四舍五入方式输出小数点后6位，用"%.7f"格式可以输出小数点后7位，就可以看到二进制浮点数的误差。

（2）double类型的有效位数比float类型多，因此不仅数的表示范围更大，精度也更高。具体的有效位数与编译器有关，通常来说，float最少4字节，6位有效数字，绝对值的取值范围为$1.2 \times 10^{-38} \sim 3.4 \times 10^{38}$；double最少8字节，15位有效数字，绝对值的取值范围为$2.3 \times 10^{-308} \sim 1.7 \times 10^{308}$；long double最少10字节，19位有效数字，绝对值的取值范围为$3.4 \times 10^{-4932} \sim 1.1 \times 10^{4932}$。

（3）需要注意的是有效数字位数与小数点的位置无关，如果十进制数123.456只有2位有效数字，那么只有12这两个数字是有效的，后面的3456不能保证被正确地存储。尽管实际应用中往往能看到更多准确的有效数字，但只能信任有效位数内的数字。

（4）一个很大的浮点数与一个较小的浮点数进行加减运算时，其中较小的浮点数可能会因为精度和有效数字位数的限制而丢失。

（5）C语言中的语句块也称为复合语句，是用一对大括号（{}）括起来的若干条语句，与在main函数的开头定义与初始化变量一样，ANSI C支持在语句块的开头定义与初始化变量。在语句块中定义的变量只在此语句块中有效，因此同一程序中的两个语句块中的变量名可以相同而不会产生冲突，同样也不会与语句块以外的同名变量产生冲突。

4. 算术表达式

算术表达式由算术运算符（正负号，+，−，*，/，%，++，−−）和相应的操作数构成，表达式的值为整个表达式最终的运算结果。

程序代码：

```
01   #include <stdio.h>
02   int main()
03   {
04       int i=−1;
05       float f=3;
06       printf("%d,%d\n",___,−i);    //对i取负再取负,以及对i取负操作
07       printf("整数相除:%d,%d\n",2/3,3/2);    //整数2和3相互进行除法运算
```

```
08    printf("整数与浮点数相除:%f,%f\n",___/3,___/2);/*一个整数与一个浮
      点数进行除法运算*/
09    printf("%%+-:%d,%d,%d\n",1%-2,___);/*1和-1分别对-2和
      2求余*/
10    printf("++i=%d,++f=%f\n",___,--f);/*打印i前缀自增、f前缀
      自减表达式的值*/
11    printf("i=%d,f=%f\n",i,f);   //打印当前i和f的值
12    printf("i++=%d,f++=%f\n",i++,___);/*打印i后缀形式的自增、
      f后缀形式的自减表达式的值*/
13    printf("i=%d,f=%f\n",i,f);   //打印当前i和f的值
14    return 0;
15  }
```

输入输出样例:

```
01  -1,1
02  整数相除:0,1
03  整数与浮点数相除:0.666667,1.500000
04  %+-:1,-1
05  ++i=0,++f=2.000000
06  i=0,f=2.000000
07  i++=0,f++=2.000000
08  i=1,f=1.000000
```

学习要点:

(1) 正号(+)是单目运算符,不会对操作对象做任何改变,通常用于提醒读程序的人此处有符号数。负号(-)也是单目运算符,会把操作数取负。事实上,常量的值总是非负的,如果在浮点常量的前面有一个负号,则它是作用于该常量的单目运算符。比如-20和-0.8,就是分别由20、0.8与负号运算符组成。

(2) 加(+)、减(-)、乘(*)、除(/)都是双目运算符,需要两个操作数。当在一个表达式中包含多个算术运算符时,可将其中的一部分称为子表达式,如表达式1+2+3+4包含1+2、1+2+3等子表达式。

(3) 算术运算规则大多与数学上的运算规则相同,但当两个整数相除时,其结果只保留商中的整数部分,也就是只进行整除运算。当需要得到带小数的结果时,可对两个整数之一作强制类型转换,或将其中的常量操作数写成浮点数形式。对于初学者来说,可能犯的一个错误是在写乘法运算式时省略乘号(*),这个错误虽然能被编译器发现,但提示的错误信息往往是"未定义的变量",读者可以思考其中的原因。

(4) 进行算术运算时,需要注意可能发生的隐式类型转换,以及运算结果溢出等

问题。

（5）求余(％)运算符是双目运算符,其两个操作数只能是整型的,其运算结果为左操作数除以右操作数的余数,且结果的正负与左操作数相同。

（6）自增运算符(＋＋)和自减运算符(－－)是单目运算符,其操作对象不能是常量,可以是整型变量,也可以是浮点型变量,但不建议对后者进行操作,因为效率比较低。

5. 关系表达式

关系表达式由关系运算符(＞,＞＝,＜,＜＝,＝＝,!＝)和两个操作数构成,关系表达式只有"0"或"1"两种结果值。

程序代码:

```
01  #include <stdio.h>
02  int main()
03  {
04      int a=3,b=3,c=3;
05      printf("a>b:%d,a<b:%d,a==b:%d\n",a>b,a<b,a==b);/*a与b
    的关系*/
06      printf("a is odd:%d,b is odd:%d\n",___,___);   //a和b是奇数?
07      printf("a can be divided by b:%d\n",____);   //a能被b整除
08      printf("a==b==c:%d\n",a==b==c);   //判定三个数相等的错误写法
09      printf("a+b>b-c:%d\n",a+b>b-c);   //判定运算结果的大小
10      printf("a+(b<c):%d\n",a+(b<c));   //满足条件加1,否则保持不变
11      return 0;
12  }
```

输入输出样例:

```
01  a>b:0,a<b:0,a==b:1
02  a is odd:1,b is odd:1
03  a can be divided by b:1
04  a==b==c:0
05  a+b>b-c:1
06  a+(b<c):3
```

学习要点:

（1）当关系运算两边的操作数类型不一致时,可能会由于隐式类型转换产生不符合预期的结果。如 char a＝－1; unsigned char b＝250,a＜b的结果为0。这是因为通常有符号类型的数据会向无符号类型转换,例如,－1会转换为一个比250大的正整数(不一定是255)。

(2) 由于浮点数不能精确表示,因此不要使用等于(==)、不等于(!=)关系运算符比较两个浮点数。如float f=0.1;表达式"f==0.1"的结果为0,double d=0.1时,表达式"f==d"的结果一般也是0。

(3) 对初学者来说,需要注意不要把判断相等的运算符写成"="。

6.逻辑表达式

逻辑表达式由逻辑运算符(&&,||,!)与相应的操作数构成,逻辑表达式只有"0"和"1"两个结果值。

程序代码:

```
01  #include <stdio.h>
02  int main()
03  {
04      int i,res;
05      scanf("%d",&i);    //输入一个整数到i
06      res=_____;    //如i为0,i自增1,否则i不变
07      printf("&&=%d,i=%d\n",res,i);
08      res=_____;    //如i不为1,i自减1,否则i不变
09      printf("||=%d,i=%d\n",res,i);
10      res=_____;    //i为1或2,或res为0时,结果为1
11      printf("res=%d\n",res);
12      return 0;
13  }
```

输入输出样例1:

```
01  -1
02  &&=0,i=-1
03  ||=1,i=-2
04  res=0
```

输入输出样例2:

```
01  0
02  &&=0,i=1
03  ||=1,i=1
04  res=1
```

学习要点:

(1) 逻辑与(&&)运算符的两个操作数都为非零时其表达式的值才为"1",否则表达式的值为"0"。当逻辑与运算符左边的操作数为"0"时,即可判定整个逻辑运算的结果为"0",而不会再计算或处理右边的操作数,这种操作称为屏蔽或短路。

(2) 逻辑或(||)运算符的两个操作数都为"0"时其表达式的值才为"0",否则表达式的值为"1"。当逻辑或运算符左边的操作数为"1"时,即可判定整个逻辑运算的结果为"1",而不会再计算或处理右边的操作数,即发生短路。

(3) 逻辑非(!)运算符是单目运算符,当操作对象为"0"时,逻辑非运算的结果为

"1",若操作对象不为"0",则逻辑非运算的结果为"0"。

7. 赋值表达式

赋值表达式由赋值运算符(＝,＋＝,－＝,*＝,/＝,%＝,<<＝,>>＝,&＝,|＝, ^＝)和两个操作数构成,该表达式将赋值运算符右边的值(简称右值,可以是常量、变量或表达式等)赋给运算符左边的变量(简称左值,一般只能是变量),即把右值存入左值(注意与数学上的等号的不同)。左值也是整个赋值表达式的值。

程序代码:

```
01    #include <stdio.h>
02    int main()
03    {
04        float f=-2.1,g=3,h=4;    //注意隐式类型转换
05        int a=1,b=2,c=3.2;    //注意隐式类型转换
06        int _____;    //定义变量d并和a、b一起用c进行赋值
07        printf(_____,a,b,c,d);    //打印a,b,c,d的值
08        a*=b/=c+=d;    //赋值运算
09        printf(_____,a,b,c,d);    //打印a,b,c,d的值
10        f*=g-=h+=d;    //赋值运算
11        printf(_____,f,g,h);    //打印f,g,h的值
12        return 0;
13    }
```

输入输出样例:

```
01    a=3,b=3,c=3,d=3
02    a=0,b=0,c=6,d=3
03    f=8.400000,g=-4.000000,h=7.000000
```

学习要点:

(1) 赋值运算符的优先级仅高于逗号运算符,低于其他运算符,且是右结合。当赋值运算符右值的类型与左值不同时,会隐含将右值转换为左值类型后再赋给左值。

(2) 最常见的赋值表达式由普通赋值运算符(＝)组成,如变量定义时赋初值等。赋值运算符的右边可以是常量、变量或表达式,甚至还可以是赋值表达式,只要按右结合满足可以将右值存入左值,且左值都是定义了的就行。例如"int a=1,b,c,d; d=c=b=a+1;",不能写成"int a=1,d=c=b=a+1;",因为后面一种写法里的赋值不能同时完成变量的定义,即"d,c,b"变量此时没有定义,因此会出现编译错误。

(3) 算术运算复合赋值运算符有"＋＝"(加赋值)、"－＝"(减赋值)、"*＝"(乘赋值)、"/＝"(除赋值)和"%＝"(求余赋值)。这类赋值运算符先将左值与右值作算术运算

后再将运算结果赋给左值,如"a+=b"相当于"a=a+b"。注意复合赋值时是将右值作为一个整体与左值作运算的,如"a*=b−c"相当于"a=a*(b−c)"。复合赋值运算符的其他特性同普通赋值运算符。

2.1.2 自主编程

根据题目的描述与功能要求,自行设计与编写程序,使其能够正确运行并得到与输入输出样例格式相符的结果。

1. 编程环境与数据类型

了解当前编程环境中各种常量与数据类型所占用的存储空间大小。

功能要求:

(1) 打印5个常量:1、12345678987654321、'a'、1.0、1.2345678987654321所占用存储空间的字节数。

(2) 打印"long long""long double"两种数据类型所占用存储空间的字节数。

输入输出样例:

```
01  bytes of 1 is 4
02  bytes of 12345678987654321 is 8
03  bytes of 'a' is 4
04  bytes of 1.0 is 8
05  bytes of 1.2345678987654321 is 8
06  bytes of long long is 8
07  bytes of long double is 16
```

编程提示:

(1) 计算机中的任何数据都有数据类型,常量也是数据,因此也有类型。同样的常量,在不同的编译器中可能有不同的默认数据类型。

(2) 可以使用 **sizeof** 操作符获取**常量**、**变量**、**表达式**以及不同**数据类型**在计算机中所占用存储空间的字节数。

2. 数据的存储格式与表示范围

了解不同数据类型在计算机中的存储格式,以及在当前编程环境中表示数据的范围。

功能要求:

按输入输出样例打印 char、unsigned char、int、unsigned int、float 和 double 共6种数据类型在当前环境中所表示的数据范围。

输入输出样例:

```
01  char类型的最小值为：-128
02  char类型的最大值为：127
03  unsigned char类型的最小值为：0
04  unsigned char类型的最大值为：255
05
06  int类型的最小值为：-2147483648
07  int类型的最大值为：2147483647
08  unsigned int类型的最小值为：0
09  unsigned int类型的最大值为：4294967295
10
11  float类型的最小值为：-340282346638528860000000000000000000000.000000,
    -3.40282e+038
12  float类型的-0为：-0.000000,-1.4013e-045
13  float类型的+0为：0.000000,1.4013e-045
14  float类型的最大值为：340282346638528860000000000000000000000.000000,
    3.40282e+038
15
16  double类型的最小值为：-1.79769e+308
17  double类型的-0为：-4.94066e-324
18  double类型的+0为：4.94066e-324
19  double类型的最大值为：1.79769e+308
```

编程提示：

（1）可以用sizeof运算符获取数据类型在当前环境中所占存储空间的字节数。

（2）在计算机中通常用二进制补码的方式表示和存储数据，其中正数的补码与其原码和反码相同；负数的补码为其反码加1；对一个数的补码再次求补码后为其原码。

（3）根据数据类型所占存储空间的字节数以及二进制补码的表示方法，可以自行计算出该数据类型所能表示的最小数和最大数。如：一个字节的char类型，其所能表示的最大二进制数的补码是0111 1111（即十进制127，十六进制0x7f）、最小二进制数的补码是1000 0000（即十进制-128，十六进制0x80，按二进制补码应为-0，为扩大数的表示范围，将其约定为-128）；而一个字节的unsigned char类型所能表示的最小和最大二进制补码分别为0000 0000和1111 1111，对应十进制的0和255。

（4）浮点数类型的表示则要复杂得多。如float类型一般为4个字节，其二进制的最高位是这个小数的符号位，紧接着的8位表示指数加上127（移码，实际指数需要再减掉127），剩下的23位为尾数，即小数部分减去1（实际小数需要再加上1：实际上小数须是1.xxxx…的形式）。以上表示小数的各个部分都采用二进制原码的表示方式。除此以外，还有更多的人为约定，如指数部分不为全"0"或全"1"时就严格按照上述方式表示；当指数全为"0"时，实际的指数等于"1-127"（即-126），此时的实际尾数不需加上"1"，还原为0.×××××的小数，用来表示±0，以及接近于0的很小数字；如指数全为"1"，尾数全为"0"时，则表示±无穷大（正负由符号位"s"确定）；如指数全为"1"，尾数不全为"0"时，则表示不是一个数（NaN）。更多关于浮点数的规则请参考相关标准。

3. 数据的有效位数

功能要求：

将"123456789+1234567890"的运算结果分别赋值给 int 和 float 类型的变量，并用 printf 函数的"%d"与"%f"格式打印出两个变量的值，分析打印结果。

输入输出样例：

```
01  1358024679,1358024704.000000
```

4. 字符与整数的输入输出

C 语言中的字符，本质上是以 ASCII 值存储，只是在输入输出时可以呈现为字符形态，而在其他操作时都会被当成一个整数处理。

功能要求：

分别用 char 和 int 类型定义两个变量，然后按如下样例进行输入输出操作。

输入输出样例：

```
01  (1) char,char:
02      用getchar输入2个字符到两个char类型的变量(挨着输入):12
03      用printf的%c输出:1,2
04      用printf的%d输出:49,50
05      用scanf的%d输入2个整数到两个char类型的变量(空格分隔):49 50
06      用putchar输出:1,2
07      用printf的%d输出:49,50
08  (2) int,int:
09      用getchar输入2个字符到两个int类型的变量(挨着输入):12
10      用printf的%c输出:1,2
11      用printf的%d输出:49,50
12      用scanf的%d输入2个整数到两个int类型的变量(空格分隔):49 50
13      用putchar输出:1,2
14      用printf的%d输出:49,50
15  (3) int<->char:
```

16	用scanf的%c格式符输入2个字符到两个char类型的变量(挨着输入):12
17	将两个char变量赋值给两个int变量,并用printf的%c格式符输出:12
18	用scanf的%d格式符输入2个整数到两个int类型的变量(空格分隔): 130 266
19	将两个int变量赋值给两个char变量,并用printf的%d格式符输出: −126,10

学习要点:

(1) C语言中的char类型占用一个字节,表示数据的范围为−128~127。

(2) 可以使用getchar函数进行字符的输入、putchar函数进行字符的输出,也可以使用scanf与printf函数的"%c"格式符进行字符的输入或输出。

(3) int类型一般占用4个字节,表示数据的范围为−2147483648~2147483647。

(4) 一般只能使用scanf和printf函数进行整数的输入与输出。

思考与选做:

(1) 整型变量与字符型变量在什么情况下可以互相替换?

(2) 如何输出字符型变量的ASCII值?

(3) 了解C++、Python、Java语句中是否有字符类型,如果有,与C语言中的字符类型有什么异同? 如果没有,字符数据如何存储?

5. 算术表达式

功能要求:

通过语句块的形式在同一个程序中实现以下算术表达式的求值与打印,其中a和b是int类型的变量,x和y是float类型的变量,变量的值可以在程序中直接指定,也可以通过scanf语句输入。

(1) 3.5+1/2+56%10

(2) a++*1/3,假设a的值为3

(3) x+a%3*(int)(x+y)%2/4,假设a=3,x=3.5,y=4.6

(4) (float)(a+b)/2+(int)x%(int)y,假设a=2,b=3,x=3.5,y=4.6

编程提示:

可以直接打印表达式的值,也可以将表达式赋值给相同类型的变量后再打印。

6. 关系和逻辑表达式

功能要求:

通过语句块的形式在同一个程序中实现以下关系与逻辑表达式的求值与打印,其中a、b和c是int类型的变量,x和y是float类型的变量,变量的值可以在程序中直接指定,也可以通过scanf语句输入。

(1) b＞c&&b＝＝c,假设a＝2,b＝3,c＝4

(2) !(a＞b)&&! c||1,假设a＝2,b＝3,c＝4

(3) !(x＝a)&&(y＝b)&&0,假设a＝2,b＝3,c＝4

(4) !(a+b)+c−1&&b+c/2,假设a＝2,b＝3,c＝4

(5) 1&&30%10＞＝0&&30%10＜＝3

7. 赋值和条件表达式

功能要求:

通过语句块的形式在同一个程序中实现以下赋值和条件表达式的求值与打印,其中
a、b和c是int类型的变量,变量的值可以在程序中直接指定,也可以通过scanf语句输入。

(1) a+＝a+b,假设a＝2,b＝3

(2) a*＝b%c,假设a＝2,b＝3,c＝4

(3) a/＝c−a,假设a＝2,c＝4

(4) a+＝a−＝a*＝a,假设a＝2

(5) a＝(a＝++b,a+5,a/5),假设a＝2

(6) (a＞＝b＞＝2)? 1:0,假设a＝2,b＝3

2.2　控制语句与基本算法

本节主要练习C语言控制语句(分支、循环等)、基本算法(递推、枚举等)以及算法描
述工具(流程图、伪代码)的使用。为养成良好的编程习惯,本书特别强调,应在实际编码
之前先使用流程图等算法描述工具进行算法设计,以尽可能减少出现逻辑错误的可能,
减少不必要的错误调试时间,从根本上提高沟通交流与程序设计效率。

2.2.1　程序填空

1. 求π的近似值

根据以下功能要求,结合算法设计,参照注释的提示补充程序中空缺的代码,使之可
以在计算机上正确运行并得到与输入输出样例相符的结果。

功能要求:

(1) 从键盘输入迭代次数和数据类型。

(2) 按输入的数据类型和迭代次数计算出不同精度的π近似值。

(3) 按输入的数据类型打印计算结果。

算法设计:

求π近似值的方法有很多种,比如:

$$\frac{\pi}{2} = \frac{2 \times 2}{1 \times 3} \times \frac{4 \times 4}{3 \times 5} \times \frac{6 \times 6}{5 \times 7} \times \frac{8 \times 8}{7 \times 9} \times \cdots \times \frac{(2n)^2}{(2n-1) \times (2n+1)} \tag{2.1}$$

$$\frac{\pi}{4} = 1 - \frac{1}{3} + \frac{1}{5} - \frac{1}{7} + \cdots + \frac{(-1)^{n-1}}{2n-1} \tag{2.2}$$

$$\frac{\pi^2}{6} = \frac{1}{1^2} + \frac{1}{2^2} + \frac{1}{3^2} + \frac{1}{4^2} + \cdots + \frac{1}{n^2} \tag{2.3}$$

本例选择公式(2.1)，由于公式中已经给出了通用项，只要将其写成 C 语言中的运算表达式和循环结构，就可以实现迭代求解 π 的近似值。图 2.1 给出了算法设计的流程图。

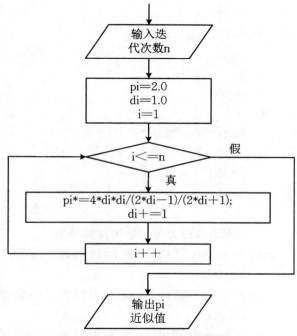

图 2.1　乘积项求解 π 近似值的流程图

程序代码：

```
01   #include ⟨stdio.h⟩
02   int main()   //求 pi 的近似值
03   {
04       unsigned int i,n=100;   //n—迭代次数
05       unsigned int t=1;   //选择数据类型：1—float,2—double,3—long double
06       float f_pi=2.0,f_i=1.0;   //用 float 计算,6 位小数
07       double d_pi=2.0,d_i=1.0;   //用 double 计算,15 位小数
08       long double ld_pi=2.0,ld_i=1.0;   //用 long double 计算,18 位小数
09       printf("输入计算的迭代次数(0～4294967295):");   //提示
```

```
10      scanf("%u",&n);    //输入一个无符号整数到n
11      printf("选择数据类型:1—float,2—double,3—long double:");   //提示
12      scanf("%u",&t);    //输入一个无符号char(1字节整数)到t
13      _____ {    //循环n次
14          switch(t) {    //根据选择的类型进行计算
15              case 1:
16                  f_pi *=4.0*f_i*f_i/(2*f_i−1)/(2*f_i+1);   //float
17                  f_i+=1.0;
18                  break;
19              case 2:
20                  _____;   // double
21                  d_i+=1.0;
22                  break;
23              case 3:
24                  ld_pi *=4.0*ld_i*ld_i/(2*ld_i−1)/(2*ld_i+1);   //longD
25                  _____;   //填空
26                  break;
27          }
28      }
29      switch(t) {    //根据选择的类型输出计算结果
30          case 1: printf("迭代%u次,pi近似为:%.8f\n",n,f_pi);
31              break;
32          case 2: printf("迭代%u次,pi近似为:%.16f\n",n,d_pi);
33              break;
34          case 3: printf("迭代%u次,pi近似为:%.20Lf\n",n,ld_pi);
35              break;
36      }
37      return 0;
38  }
```

输入输出样例:

01 输入计算的迭代次数(0~4294967295):100000
02 选择数据类型:1—float,2—double,3—long double:2
03 迭代100000次,pi近似为:3.1415847996572062

学习要点:

(1) 理解并掌握控制语句中的循环与分支语句。

（2）由于计算机是以离散的方式存储数据的，且存储空间有限，因此无法精确表示浮点数，进行与浮点数有关的运算时，通常都会产生误差。

（3）循环结构适用于求解具有迭代特征的问题。迭代次数通常与计算精度或者对误差的要求有关。增加迭代次数可以提高计算精度、降低计算误差，但同时也需要耗费更多的计算时间，需要根据实际的计算需求进行权衡。

（4）C99 标准引入了"long double"数据类型，但并非所有 C 编译系统都支持该数据类型，也就是说有的编译环境不支持"%Lf"的"printf"输出格式。

由于现在 C 语言已经很少用于底层以外的编程，基于 C99 甚至 C11 标准编写的程序很有可能会在嵌入式等底层硬件环境中编译运行时出现不兼容问题，甚至产生难以察觉的运行错误，因此应尽可能少使用。这也是为什么本书主要基于 ANSI C 标准进行编程的原因，因为只有这样才能保证读者编写的程序可以在任何 C 编译环境中正确运行。

2. 计算购房按揭数据

购房贷款按揭方式主要有两种：

（1）等额本息：即先还剩余本金的利息，再还本金，每月还款中的利息随着剩余本金的减少而减少，但本金在每月还款中的比例却不断增加，也就是保持每月的还款金额相同，每月还款额的计算方法：

$$贷款本金 \times 月利率 \times (1 + 月利率)^{还款月数} \div [(1 + 月利率)^{还款月数} - 1]$$

（2）等额本金：即每月还款中的本金保持不变，而利息会随着本金的减少而逐渐减少，每月还款金额为

$$贷款本金 \div 还款月数 + (贷款本金 - 已还本金累计金额) \times 月利率$$

其中，贷款本金＝贷款总额；月利率＝年利率÷12；还款月数＝贷款年限×12，贷款年限一般最长 30 年。

根据以下功能要求，结合问题分析与算法设计，参照注释的提示补充程序中空缺的代码，使之可以在计算机上正确运行并得到与输入输出样例相符的结果。

功能要求：

（1）从键盘输入拟进行的操作：房贷计算或退出程序。

（2）当输入'e'时，退出程序；当输入's'时进入下一步。

（3）从键盘输入购房面积、单价、首付比例、贷款利率和贷款年限。

（4）从键盘输入按揭方式：等额本息或等额本金贷款。

（5）根据输入计算并输出月还款金额与总还款金额。

（6）返回第（1）步。

（7）从键盘输入购房面积、单价、首付比例、贷款利率和贷款年限。

算法设计：

以上的功能要求其实就是以自然语言书写的伪代码，本例程序的算法流程图如图 2.2 所示。

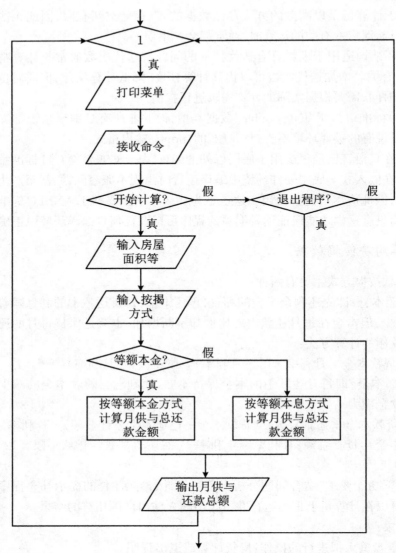

图2.2 购房贷款按揭的程序流程图

程序代码：

```
01   #include ⟨stdio.h⟩
02   int main( )    //设计购房贷款按揭计算程序
03   {
04       char ctrl；  //用于程序菜单控制，′s′－进入贷款计算，′e′－退出程序
05       float h_aera＝0, h_price＝0, h_cash＝0, h_rate＝0, h_year＝0；/*购房面
     积,单价,首付比例,贷款利率和年限*/
```

```
06        unsigned int  loan_month；  //贷款月数
07        float loan_sum,loan_mon_rate；  //贷款总额,月利率
08        float mon_pay,pay_sum=0；  //月还款金额,总还款金额
09        int h_type=1；  //贷款按揭方式:0-等额本息,1-等额本金
10        float t；  //临时变量
11        int i；  //循环变量
12        _____ {  //保持程序一直运行的循环头
13            printf(″\ns - 房贷计算\ne - 退出程序\n″)；  //提示菜单
14            ctrl = getchar()；  //输入一个字符到ctrl变量
15            if(ctrl=='s') {  //计算房贷
16                printf(″(1)输入购房面积\n″)；  //提示
17                scanf(″%f″,&h_aera)；  //输入房屋面积
18                printf(″(2)输入购房单价\n″)；
19                scanf(″%f″,&h_price)；  //输入购房单价
20                printf(″(3)输入购房首付比例(x)%%\n″)；
21                scanf(″%f″,&h_cash)；  //输入购房首付比例
22                printf(″(4)输入贷款利率(x)%%\n″)；
23                scanf(″%f″,&h_rate)；  //输入房屋贷款利率,仅百分率
24                printf(″(5)输入贷款年限\n″)；
25                _____；  // 输入贷款年限
26
27                printf(″(6)输入贷款按揭方式:0-等额本息,1-等额本金 \n″)；
28                scanf(″%d″,&h_type)；
29                getchar()；/*取走缓冲区中剩下的换行符,以免影响下次循环
      ctrl取值*/
30                loan_mon_rate=h_rate/100. / 12；  //计算月利率
31                loan_month = h_year * 12；  //计算贷款月数
32                loan_sum = _____；  // 计算贷款总额
33                printf(″贷款总额为:%.2f\n″,loan_sum)；
34
35                pay_sum = 0.0；  //初始化总还款额
36                if(   ) {  //等额本息还款方式
37                    t=1.0；  //
38                    for(i=0;i<loan_month;i++) {  //计算每月还款金额的因数
39                        t*=(1+loan_mon_rate)；
```

```
40                          }
41                          mon_pay=loan_sum*loan_mon_rate*t/(t-1);/*计算每月
     还款金额*/
42                          pay_sum = _____;   //计算总还款额
43                          printf("等额本息按揭方式每月还款金额为:%.2f\n",
     mon_pay);
44                          printf("等额本息按揭方式总还款金额为:%.2f\n",
     pay_sum);
45                     } else if(h_type==1){   //等额本金还款方式
46                          printf("等额本金按揭方式每月还款金额列表:\n");
47                          for( _____){   //计算每月还款金额
48                              mon_pay= _____;   //计算每月还款额
49                              pay_sum+=mon_pay;   //计算总还款额
50                              printf("第%d个月还款金额:%.2f\n",i+1,mon_pay);
51                          }
52                          printf("等额本金按揭方式总还款金额为:%.2f\n",pay_sum);
53                     }
54                 }
55             else if(ctrl == 'e'){   //退出程序
56                 break;
57             }
58         }
59     return 0;
60 }
```

输入输出样例：

```
01 s — 房贷计算
02 e — 退出程序
03 s
04 (1)输入购房面积
05 100
06 (2)输入购房单价
07 26000
08 (3)输入购房首付比例(x)%
09 30
10 (4)输入贷款利率(x)%
```

11	4.6
12	(5)输入贷款年限
13	10
14	(6)输入贷款按揭方式:0—等额本息,1—等额本金
15	0
16	贷款总额为:1820000.00
17	等额本息按揭方式每月还款金额为:18950.20
18	等额本息按揭方式总还款金额为:2274023.75
19	
20	s — 房贷计算
21	e — 退出程序

2.2.2　自主编程

根据题目描述,参考输入输出样例以及学习要点或编程提示,自行设计算法并编写程序实现指定的功能要求。

1. 判断整除

判断一个整数能否同时被3和5整除。

功能要求:

(1)从键盘输入一个整数,然后判断其是否在[−1000000,1000000]区间内,如不在,则打印错误提示"Error",并结束程序。

(2)若输入的整数在给定的区间内,判断其能否同时被3和5整除,若能则输出"YES",否则输出"NO"。

输入输出样例:

01	输入一个整数:3015
02	YES

学习要点:

(1)向程序中输入不合法的数据是一种常见的软件攻击手段,因此,对输入的数据进行有效性或合法性检验是实际应用程序中必不可少的步骤。

(2)判断整数x是否能被y整除可以使用表达式"x%y==0"。

2. 判断闰年

满足以下条件的年份是闰年:"能整除4且不能整除100"或者"能整除400"。

功能要求:

从键盘输入一个年份,先判断其合法性,再判断是否闰年并打印判断结果。

输入输出样例1:

```
01  输入一个年份:2020
02  2020年是闰年
```

输入输出样例2:

```
01  输入一个年份:-1
02  输入错误!
```

3. 判断点的位置

功能要求:

(1) 从键盘输入一个点的 x 和 y 坐标(均为整型数据),以空格间隔数据。

(2) 判断该点是否在顶点坐标为 $(2,-2)$,$(2,2)$,$(-2,2)$,$(-2,-2)$ 的正方形中,是则输出"Yes",否则输出"No"。

输入输出样例:

```
01  输入:1 1
02  输出:Yes
```

4. 求分段函数的值

功能要求:

(1) 在同一个程序的不同语句块中分别定义 int 和 float 类型的变量 x。

(2) 分别从键盘输入这两个变量的值,当输入的数小于0时,打印错误提示信息。

(3) 当 x 的数据类型为 int 时,使用 switch 语句进入不同的分支,按公式(2.4)计算 y 的值并打印。

(4) 当 x 的数据类型为 float 时,使用 if 语句进入不同的分支,按公式(2.4)计算 y 的值并打印。

$$y = f(x) = \begin{cases} x & 0 \leqslant x < 10 \\ x^2 + 1 & 10 \leqslant x < 20 \\ x^3 + x^2 + 1 & 20 \leqslant x < 30 \end{cases} \tag{2.4}$$

输入输出样例1:

```
01  输入一个整数:12
02  x=12时,y=145
03  输入一个实数:12.1
04  x=12.100000时,y=147.410004
```

输入输出样例2:

```
01  输入一个整数:12
02  x=12时,y=145
03  输入一个实数:-0.001
04  输入错误,x必须大于0
```

编程提示:

(1) 多分支 switch 语句适用于可列的多个分支,形式规整,易于阅读,但适用范围窄。

(2) if-else 语句形式灵活,适用范围非常广泛,但当分支较多且每个分支的语句也较多时,会影响程序的阅读。

5. 成绩转换

将百分制成绩转换成五分制和平均绩点(Grade Point Average,GPA,简称为绩点)是教务系统的常用功能。表2.1是中国科学技术大学的百分制、五分制、绩点对照表。

表 2.1　百分制成绩与 GPA 的对照关系

百分制	五分制	GPA	百分制	五分制	GPA
100～95	A+	4.3	71～68	C	2.0
94～90	A	4.0	67～65	C−	1.7
89～85	A−	3.7	64	D+	1.5
84～82	B+	3.3	63～61	D	1.3
81～78	B	3.0	60	D−	1.0
77～75	B−	2.7	<60	F	0
74～72	C+	2.3			

功能要求:

(1)在同一个程序中分别把从键盘输入的int类型的百分制成绩和float类型的百分制成绩转换为float类型的五分制成绩并打印。

(2)int类型的百分制成绩用switch语句实现程序的主结构,float类型的百分制成绩用if语句实现程序的主结构。

(3)在输入百分制成绩后,需要判断输入成绩的合理性,对[0,100]区间之外的输入数据给出错误提示,并退出程序。

输入输出样例1:

01	输入一个整数的百分制成绩:96
02	百分制成绩96对应五分制A+,GPA=4.3
03	输入一个实数的百分制成绩:83.5
04	百分制成绩83.5对应五分制B+,GPA=3.3

输入输出样例2:

01	输入一个整数的百分制成绩:84
02	百分制成绩84对应五分制B+,GPA=3.3
03	输入一个实数的百分制成绩:100.1
04	成绩输入错误!

编程提示:

本题只是作为语法练习,题目要求并不严谨,比如84.5就不在可转换的区间内。这也解释了为什么教务系统要求录入的百分制成绩必须是整数,否则程序就会出现bug。

6. 计算公式

有如下3个计算公式：

$$s1 = 1 + 2 + 3 + \cdots + n \tag{2.5}$$

$$s2 = 1 + 3 + 5 + \cdots + 2*n - 1 \tag{2.6}$$

$$s3 = 1 - \frac{1}{2} + \frac{1}{3} - \frac{1}{4} + \cdots + \frac{1}{n-1} - \frac{1}{n} \tag{2.7}$$

功能要求：

（1）从键盘输入一个整数，当其小于1时提示输入错误，然后退出程序。

（2）分别使用 for 语句计算 $s1$、用 while 语句计算 $s2$、用 do while 语句计算 $s3$ 的值并打印。

输入输出样例：

```
01  输入一个正整数:10
02  for循环计算 s1 的结果是 55
03  while循环计算 s2 的结果是 100
04  do while循环计算 s3 的结果是 0.645635
```

7. 求 $1! + 2! + 3! + \cdots + n!$ 之和

功能要求：

（1）从键盘输入一个 $[1,16]$ 区间内的整数，当超出区间范围时提示输入错误，然后退出程序。

（2）用两层循环的方式实现标题中算式的求和并打印结果。

（3）用单层循环的方式实现标题中算式的求和并打印结果。

输入输出样例：

```
01  输入一个整数(1~16):5
02  两层循环结果:153
03  单层循环结果:153
```

8. 打印九九乘法表

图2.3所示为九九乘法表。

功能要求：

（1）从键盘输入一个整数 n，如果 n 不在 $[1,9]$ 区间内就结束程序。

（2）否则从头打印如图2.3所示的九九乘法表到第 n 行。

```
1 * 1 = 1
1 * 2 = 2   2 * 2 = 4
1 * 3 = 3   2 * 3 = 6   3 * 3 = 9
1 * 4 = 4   2 * 4 = 8   3 * 4 = 12 4 * 4 = 16
1 * 5 = 5   2 * 5 = 10 3 * 5 = 15 4 * 5 = 20 5 * 5 = 25
1 * 6 = 6   2 * 6 = 12 3 * 6 = 18 4 * 6 = 24 5 * 6 = 30 6 * 6 = 36
1 * 7 = 7   2 * 7 = 14 3 * 7 = 21 4 * 7 = 28 5 * 7 = 35 6 * 7 = 42 7 * 7 = 49
1 * 8 = 8   2 * 8 = 16 3 * 8 = 24 4 * 8 = 32 5 * 8 = 40 6 * 8 = 48 7 * 8 = 56 8 * 8 = 64
1 * 9 = 9   2 * 9 = 18 3 * 9 = 27 4 * 9 = 36 5 * 9 = 45 6 * 9 = 54 7 * 9 = 63 8 * 9 = 72 9 * 9 = 81
```

图2.3 九九乘法表

输入输出样例:

```
01  输入(1～9):6
02  1 * 1 = 1
03  1 * 2 = 2   2 * 2 = 4
04  1 * 3 = 3   2 * 3 = 6   3 * 3 = 9
05  1 * 4 = 4   2 * 4 = 8   3 * 4 = 12   4 * 4 = 16
06  1 * 5 = 5   2 * 5 = 10 3 * 5 = 15   4 * 5 = 20   5 * 5 = 25
07  1 * 6 = 6   2 * 6 = 12 3 * 6 = 18   4 * 6 = 24   5 * 6 = 30   6 * 6 = 36
```

编程提示:

输出时可以使用带宽度的格式符,以及空格和"\t"等占位字符。

9. 识别字符

功能要求:

(1) 用getchar()函数从键盘循环输入一个个字符,如输入字符'0'则退出程序。

(2) 如输入字符为小写字母则将其转换成大写字母并打印。

(3) 如输入字符为大写字母则打印"已经是大写字母"。

(4) 如输入字符不是字母则打印"不是字母"。

输入输出样例:

```
01  输入一个字符:a
02  A
03  输入一个字符:x
04  X
05  输入一个字符:Q
06  'Q'已经是大写字母
07  输入一个字符:2
08  '2'不是字母
09  输入一个字符:0
```

编程提示：

为输出单引号，需要使用"\'"。反斜杠"\"是转义字符。

10. 数字组合

功能要求：

(1) 由5、6、7、8四个数字中的三个组成三位数，此三位数中的每一位都不相同。

(2) 找出所有满足以上条件的三位数并按每行4个数打印。

输入输出样例：

```
01  567   568   576   578
02  …
```

编程提示：

可以使用多层循环和枚举算法解决问题。

11. 寻找水仙花数

水仙花数指的是一个三位整数，其每位数字的立方和等于其本身。如 $abc = a^3 + b^3 + c^3$。

功能要求：

找出并打印所有的水仙花数。

输入输出样例：

```
01  153 370 371 407
```

12. 寻找回文素数

回文素数是指一个整数从左到右读与从右到左读是一样的，且为素数。如101。

功能要求：

找出并按位数分行打印10000以内的所有回文素数。

输入输出样例：

```
01  11
02  101 131 151 181 191 313 353 373 383 727 757 787 797 919 929
```

13. 哥德巴赫猜想验证

哥德巴赫猜想中有一个表述：任意一个大于2的偶数都可以写成两个素数之和。设计一个程序，将 n 以内的偶数表示为两个素数之和的形式。

功能要求：

(1) 从键盘输入一个正整数 n，判断 n 是否为大于2的偶数，如不是就结束程序。

（2）否则将其分解成两个素数之和。

（3）将每个偶数所有的素数之和形式打印出来,但不要把两个素数交换位置的情况也打印出来。例如打印了"10＝3＋7",就不要再打印"10＝7＋3"。

输入输出样例:

```
01  输入一个偶数:100
02  4 ＝ 2＋2
03  6 ＝ 3＋3
04  8 ＝ 3＋5
05  10 ＝ 3＋7
06  10 ＝ 5＋5
07  12 ＝ 5＋7
08  14 ＝ 3＋11
09  14 ＝ 7＋7
10  ...
```

编程提示:

（1）为了防止打印仅交换位置的形式,寻找$n/2$之前的素数作为n的第一个分解数即可。

（2）更进一步,可以将寻找范围缩小到n的平方根（截断取整）,这样也能大幅提高程序的运行效率。

14. 三角形的判定

功能要求:

（1）从键盘输入3个浮点数。

（2）判断这3个数是否能作为一个三角形的3个边长,即是否能构成一个三角形。

（3）若能构成三角形,则判断并打印此三角形的类型（一般、等边、等腰或直角三角形）。

（4）计算并打印此三角形的面积（保留小数点后2位）。

（5）循环执行前4步,直至输入的数据中有小于0的数时,提示输入错误,退出程序。

输入输出样例:

```
01  输入三角形的3个边:3 4 5
02  边长为3.00,4.00,5.00的三角形是直角三角形
03  其面积为:6.00
04  输入三角形的3个边:0.2 －35 40.999
05  输入错误!
```

15. 分数化简

功能要求:

(1) 从键盘输入两个整数分别作为分数的分子和分母,当分子大于分母,或者其中一个不是正数时,提示输入无效,并退出程序运行。

(2) 对能化简的分数,打印化简后的分数结果,不能化简的则提示该分数为最简分数。

(3) 循环以上两步,直至输入无效的数据。

输入输出样例:

```
01  输入两个正整数(分子 分母):48 160
02  分数48/160 化简后为3/10
03  输入两个正整数(分子 分母):25 −50
04  输入无效!
```

编程提示:

(1) 最简分数是指分数的分子与分母除了"1"以外再没有其他相同的因子。

(2) 分数化简的方法有多种,如分子分母同时除以最大公约数,此时需要先求出分子和分母的最大公约数。如果最大公约数为1,则输入的两个数已经是最简分数。

16. 求平方根

迭代(递推)公式 $x_{n+1} = (x_n + y/x_n)/2$ 可用于求常数 y 的平方根。

功能要求:

(1) 从键盘输入一个正数 y 与迭代的初始值 x_0。

(2) 使用迭代公式 $x_{n+1} = (x_n + y/x_n)/2$ 计算 y 的平方根,直至误差小于 10^{-6}。

(3) 打印计算结果。

输入输出样例:

```
01  输入一个正数和迭代初始值:3 3
02  基于初始值3.000000迭代计算3.000000的平方根为1.732051
```

编程提示:

(1) 求平方根可写成方程 $x^2 - y = 0$,此时 x 是 y 的平方根。设 $f(x) = x^2 - y$,使用牛顿迭代法(详见2.5.1小节第1题"计算的精度")可以得到上述递推公式。其中 x_n 为迭代的前值,x_{n+1} 为迭代的后值。

(2) C语言中求浮点数的绝对值的函数是 fabs() (#include ⟨math.h⟩)。

17. 找零问题

现存的流通人民币面额有100元、50元、20元、10元、5元、1元、5角和1角等几种,现拿100元去购物,一共花了x元,设计程序给出找零的方案,使所找零钱的张数最少。

功能要求:

(1)输入所购买物品的费用x,并判断其合理性($x>0$且$x<100$),当不合理时,提示错误并退出程序。

(2)对合理的费用,给出找零的方案(即每种钱币的数量),使找零的钱币张数最少。

(3)费用不足1角的部分按照四舍五入进行找零。

(4)打印所找零钱中每一种面额钱币的数量。

(5)循环执行以上4步,直至输入了不合理的费用。

输入输出样例:

01	请输入花费(单位:元):12.34
02	找零87.7元,方案:50元1张,20元1张,10元1张,5元1张,1元2张,0.5元1张,0.1元2张

编程提示:

尝试使用贪心算法,且不考虑各种面额钱币的数量限制。

思考与选做:

设计一种钱币面额的组合,使得使用贪心算法进行找零时不一定能得到最优解。编程验证并思考这样的组合有什么规律?

2.3 数组的简单应用

本节主要练习数组的简单应用,特别是与循环的配合使用。

2.3.1 程序填空

根据题目的描述与功能要求,参照程序中的注释补全空缺的代码,使得程序能够正确运行并得到与输入输出样例相符的结果。

1. 数组元素的输入输出

功能要求:

(1)从下标为0的元素开始,使用循环语句从键盘向一维数组的每个元素输入数据。

(2)从最后一个元素开始,使用循环语句按相反的顺序打印一维数组的元素的值。

程序代码:

```
01  #include ⟨stdio.h⟩
02  #define N 8    //使用宏定义指定数组的大小,便于后续的使用和修改
03  int main( )
04  {
```

```
05        ___ a[N];   //定义一个某类型的数组,有N个元素
06        int i;   //定义一个int型变量作为循环变量
07        printf("请输入%_个___类型的数据\n",N);   //提示输入数据的个数与类型
08        for(i=0;___;i++){   //从0到N-1以匹配数组a的元素下标
09            scanf("%___",___);   //输入一个数到指定下标的元素中
10        }
11        for(i=7;___;___){   //从N-1到0以逆序匹配数组a的元素下标
12            printf("%___ ",a[i]);   //将数组a的元素按指定格式逆序打印
13        }
14        return 0;
15    }
```

输入输出样例1:

```
01  请输入8个整数类型的数据
02  1 2 3 4 5 6 7 8
03  8 7 6 5 4 3 2 1
```

输入输出样例2:

```
01  请输入3个浮点数类型的数据
02  9.8
03  4.7
04  7.456
05  7.456 4.700 9.800
```

2. 在数组中查找数据

有很多种方法可以用于在数组中查找数据,方法的选择取决于数组的特性以及具体的查找目标。数组的特性包括其中是否有重复的数据(数组元素),数组元素是否有序(无序、升序、降序)等。查找的目标包括数组中是否存储了某个数据、该数据的存储位置(对应元素的下标)等。

最通用、思路最简单的方法是按下标的顺序从数组的第0个元素开始与该数据进行比较,直到比较到最后一个元素。这种方法称为**顺序查找**,也称为**遍历查找**,可以应对以上所有列举的情况,唯一的问题是效率太低了。

当数组是有序的,且其中的元素不重复时,可以采用效率更高的查找方法,如**二分查找**(也称为**折半查找**)。二分查找的基本思想是用两个变量[low,high]记录数组a的下标范围,再用第三个变量(mid)记录该范围中间的那个下标,然后将要查找的数据与下标为mid的元素进行比较,确定该数据是在[low,mid)区间还是(mid,high]区间,接着只需

要在缩小了一半的区间中继续查找,重复以上步骤,每一步都可以把查找的范围缩小一半。配套教材4.5节详细地介绍了二分法的算法思想与函数实现。读者可以先通过本例的练习体会二分法的基本用法。

功能要求:

(1)从键盘输入全部数组元素的值以及待查找的数据。

(2)分别用顺序法和折半法查找该数据在数组中的位置并打印。

程序代码:

```
01   #include <stdio.h>
02   #define N 8
03   int main()
04   {
05       int a[N];
06       int flag=0;  /*定义一个变量作为标志,0表示数组a无序且采用顺序查
         找,1表示数组a升序排列且采用二分查找,2表示数组a降序排列且采用二分
         查找,其他数字无效*/
07       int i,Tofind;   //i为循环变量,Tofind为要查找的数据
08       int low,high,mid;   //二分查找使用的临时变量
09       printf("请输入%d个整数:",__);   //填写宏名
10       for(i=0;i<N;i++){
11           scanf("%d",____);   //从键盘输入整数到指定下标的数组元素中
12       }
13       printf("输入的数据是:0—无序,1—升序,2—降序? ");
14       scanf("%d",&flag);
15       printf("输入要查的数据:");
16       scanf("%d",&Tofind);
17       if(flag==0){   //数组无序且顺序查找
18           for(i=0;i<N;i++){
19               if(a[i]==Tofind){
20                   printf("找到要找的数在数组位置:%d\n",i);
21               }
22           }
23       } else if(   ){   //数组升序且二分查找
24           low=0;high=N-1;   //从数组的第一个元素下标到最后一个
25           while(   ){   //只要满足条件就循环,即数组没有查完
26               mid=(low+high)/2;   //二分,即折半,注意数组越界的问题
```

```
27          if(a[mid]==Tofind){
28              printf("找到要找的数在数组位置:%d\n",mid);
29          }
30          //调整low或high的值,即向可能所在一半的方向移动
31          if(flag==1){  //数组a为升序
32              if(a[mid]>Tofind){  //判断在哪一半
33                  high=mid-1;  //往小的一半查找
34              } else {
35                  low=mid+1;  //往大的一半查找
36              }
37          } else {  //数组a为降序
38              if(   ){  //判断在哪一半
39                  high=mid-1;  //往大的一半查找
40              } else {
41                  low=mid+1;  //往小的一半查找
42              }
43          }
44      }
45  } else {  //无效操作
46      printf("无效操作\n");
47  }
48  return 0;
49 }
```

输入输出样例1:

```
01 请输入8个整数:9 5 3 2 6 7 8 8
02 输入的数据是:0-无序,1-升序,2-降序? 0
03 输入要查的数据:8
04 找到要找的数在数组位置:6
05 找到要找的数在数组位置:7
```

输入输出样例2:

```
01 请输入8个整数:1 3 3 5 6 7 8 8
02 输入的数据是:0-无序,1-升序,2-降序? 1
03 输入要查的数据:8
04 找到要找的数在数组位置:6
```

学习要点：

从二分查找的工作过程可以看到，由于第一次找到相等的数据时就会结束整个查找过程，因此当数组中存在重复的数据时，只能找到其中一个数据的位置。也就是只能判断某个数据是否在数组中，而不能给出该数组中有几个该数据，以及这些数据在什么位置的完整结果。

3. 交换数组的元素

功能要求：

（1）从键盘输入数据的个数 n，再输入 n 个数据到数组 a 中。

（2）前后交换数组元素的值，即 $a[0]$ 与 $a[n-1]$ 交换，$a[1]$ 与 $a[n-2]$ 交换，以此类推。

（3）在循环中输入两个下标，然后交换这两个指定下标的元素的值，重复输入和交换过程，直到输入的数组下标超出数组界限时退出循环。

程序代码：

```
01   #include ⟨stdio.h⟩
02   #define N 100
03   int main( )
04   {
05       int a[N];   //定义一个比较大的数组以防越界
06       int n;   //实际存储的数据个数
07       int i,j,t;   //循环变量,临时变量
08       printf("输入数据个数(1~100):");
09       scanf("%d",___);   //输入数据的个数
10       printf("输入%d个数",n);
11       for(i=0;i<n;i++){
12           scanf("%d",___);   //输入数组元素的值
13           }
14       for(i=0;i<n/2;i++){   //前后交换数组元素的值
15           t=a[i];   //用t临时存储a[i]
16           a[i]=a[n-i-1];
17           _____ //完成交换的最后一步
18       }
19       printf("逆序存储后的数组元素依次为:\n");
20       for(i=0;i<n;i++){
21           printf("%d ",___);   //输出数组元素的值
```

```
22          }
23          //以下实现交换两个指定位置元素值的功能
24          while __{   //保持循环
25              printf("\n输入要交换的两个元素位置(0~%d):",n-1);
26              scanf("%d%d",&i,&j);
27              if((i>=0&&i<n)&&(j>=0&&j<n)){   //当i和j不越界时
28                  a[i]+=a[j];   //另一种交换数据的算法
29                  a[j]=a[i]-a[j];
30                  _____   //完成交换的最后一步
31              } else {
32                  ___   //退出循环
33              }
34              for(i=0;i<n;i++){
35                  printf("%d ",a[i]);   //打印数组元素
36              }
37          }
38          return 0;
39      }
```

输入输出样例:

```
01  输入数据个数(1~100):5
02  输入5个数:1 2 3 4 5
03  逆序存储后的数组元素依次为:
04  5 4 3 2 1
05  输入要交换的两个元素位置(0~4):2 3
06  5 4 2 3 1
07  输入要交换的两个元素位置(0~4):1 2
08  5 2 4 3 1
09  输入要交换的两个元素位置(0~4):0 5
```

编程提示:

为了突出练习的重点,本例程序的功能并不完善,比如没有对输入 n 的合法性进行检验,建议读者自行补全。

4. 向数组中插入一个元素

功能要求:

(1) 从键盘输入数据的个数 n,再输入 n 个数据到数组定义中。

（2）在循环中从键盘输入操作方式（如程序中所示），然后执行相应的操作。

程序代码：

```
01  #include <stdio.h>
02  #define N 100
03  int main()
04  {
05      int a[N+1];
06      int flag=0; /*标志变量,0为按位置在数组中插入一个元素,1为在升序
        数组中按顺序插入一个元素,2为在降序数组中按顺序插入一个元素,9为结
        束程序,其他为无效操作*/
07      int n;    //输入实际的数据
08      int i,j,t;   //循环变量,临时变量
09      printf("输入数据个数(0～100):");
10      scanf("%d",___);   //输入数据的个数
11      printf("输入%d个数:",n);
12      for(i=0;i<n;i++) {
13          scanf("%d",___);   //输入数组元素的值
14      }
15      while(n<N) {   //最多有N+1个元素:下标范围0～N
16          printf("\n选择操作:0－按位置插入,1－按升序插入,2－按降序插
        入,9－结束程序:");
17          scanf("%d",___);   //输入操作方式
18          if(flag==0) {   //按位置插入数据
19              printf("输入要插入的数据及在数组中的位置:");
20              scanf("%d%d",&t,&j);
21              if(   ) {
22                  break;   //输入的位置不合法,结束程序
23              }
24              for(i=n;___;i--) {   //将j及其后面的元素后移一位
25                  a[i]=a[i-1];
26              }
27              ___;   //将数据存入到位置j
28              n++;   //增加实际数据的个数
29          } else if(flag==1||flag==2) {   //有序插入操作
30              printf("输入要插入的数据:");
```

```
31          scanf("%d",&t);
32          for(j=0;j<n;j++){
33             if(flag==1){
34                if(a[j]>t){
35                   ____;    //找到升序插入数据的位置
36                }
37             } else {
38                if(  ){
39                   break;   //找到降序插入数据的位置
40                }
41             }
42          }
43          for(___;i>j;i--){   //将j及其后面的元素后移一位
44             a[i]=a[i-1];
45          }
46          a[j]=t;
47          n++;    //增加实际数据的个数
48          } else if(___){   //结束程序
49             break;
50          } else {    //无效操作
51             printf("无效操作\n");
52          }
53          for(i=0;i<n;i++){
54             printf("%d ",a[i]);   //打印当前数组的元素
55          }
56       }
57    return 0;
58 }
```

输入输出样例：

```
01 输入数据的个数(0~100):5
02 输入5个数:1 3 5 7 9
03
04 选择操作:0—按位置插入,1—按升序插入,2—按降序插入,9—结束程序:0
05 输入要插入的数据及在数组中的位置:0 0
06 0 1 3 5 7 9
07 选择操作:0—按位置插入,1—按升序插入,2—按降序插入,9—结束程序:1
```

08	输入要插入的数据:2
09	0 1 2 3 5 7 9
10	选择操作:0—按位置插入,1—按升序插入,2—按降序插入,9—结束程序:9

编程提示:

向数组中插入数据时,需要先将拟插入位置(数组元素的下标)及其后的数组元素向后移动一个元素位置,再将要插入的数据存入此位置。

思考与选做:

本题在按顺序插入数据时,前提条件是原先输入的数据必须是已经按要求排好序的,读者可以思考如何判断已有的数据是否已经排好序,以及是升序还是降序。

5. 数组与文件

本题练习数组与文件的操作,包括打开和关闭文件、从文件中读取数据到数组中、将数组中的数据以及其他信息写入文件中等。

功能要求:

(1) 先以只读方式打开一个文本文件,如果打开失败则需要新建一个文件,然后从键盘输入数据并存储到此文件中。

(2) 将此文件中的数据读到一个数组中,然后打开一个新文件,再向文件中写入日期和数据的信息,最后将数组中的数据写入文件中。

程序代码:

```
01  #include <stdio.h>
02  #include <time.h>   //包含获取系统当前日期和时间的函数声明等
03  #define N 100
04  int main()
05  {
06      FILE *fpi,*fpo;   //定义两个指针变量用于读取数据和保存结果
07      time_t seconds;   //从1970年1月1日到现在的秒数
08      char days_mons[2][12]=
09          {{31,28,31,30,31,30,31,31,30,31,30,31},
10          {31,29,31,30,31,30,31,31,30,31,30,31}},leap=0;
11      int year,month,day,hour,minute,second;   //年月日,时分秒
12      int a[N];   //定义一个比较大的数组用于存储数据
13      int n;   //实际的数据个数
14      int i,j,t;   //循环变量,临时变量
15      printf("输入数据个数(1~__):", N);   //提示输入数据个数
16      scanf("%d",&n);   //输入数据的个数
```

```
17      fpi=fopen("data.txt","r");    //以只读的方式打开当前文件夹中的文件
18      if(fpi==NULL){    //若打开文件失败
19          printf("未能打开data.txt文件! \n");
20          fpi=fopen("data.txt","w");    //则以只写方式打开(新建)文件
21          printf("输入%d个数:",n);
22          for(i=0;i<n;i++){
23              scanf("%d",&t);    //逐个输入数据
24              fprintf(_____, t);    //把数据写入文件
25          }
26          fclose(fpi);    //关闭文件以确保数据写入到硬盘中
27          fpi=fopen("data.txt","r");    //以只读的方式重新打开数据文件
28      }
29      /*程序运行到此处已可确保打开了存有数据的文件"data.txt"*/
30      fpo=fopen("result.txt","a");    //以追加的方式打开结果文件
31      for(i=0;i<n;i++){
32          fscanf(_____,&a[i]);    //从文件中读取数据到数组中
33      }
34      fclose(fpi);    //已完成所有操作的文件,应及时主动关闭
35      /*获取当前系统的时间,与读取的数据一起写入"result.txt"文件中*/
36      seconds=time(NULL)+8*60*60;/*获取系统从1970年1月1日到现在
    的秒数*/
37      second=_____;    //计算出当前是多少秒,0~59
38      seconds-=second;
39      minute=_____;    //计算出当前是多少分钟,0~59
40      seconds_____;
41      hour=seconds%24;    //计算出当前是几点,0~23
42      seconds/=24;    //想一想为什么这条语句可以计算出当前的天数
43      year=1970;    //从1970年开始计算年
44      leap=_____;/* 用一个表达式判断year是否闰年,0表
    示平年,1表示闰年,然后赋值给leap */
45      while (seconds>365){    //当前的天数够一年
46          if(leap){    //闰年
47              econds-=366;    //减去366天
48          } else {
49              seconds-=365;    //减去365天
```

```
50              }
51              year++;   //年份加1
52              leap=_____;   //判断闰年
53          }
54          month=1;   //从1月开始计算月
55          for(i=0;seconds>=_____;i++,month++){   //计算当前月份
56              seconds-=days_mons[leap][i];   //减去已计算的月的天数
57          }
58          day=_____;   //计算当前是本月哪一天
59          fprintf(fpo,"%d-%02d-%02d,%02d:%02d:%02d\n",
                   year,month,day,hour,minute,second);   //写时间戳到结果文件中
60          for(i=0;i<n;i++){
61              fprintf(_____);   //将数组中的数据写入结果文件中
62          }
63          fprintf(fpo,"\n");   //最后写一个换行到结果文件中
64          fclose(fpo);   //关闭结果文件"result.txt"
65          return 0;
66      }
```

输入输出样例：

```
01  输入数据个数(1~100):10
02  输入10个数:10 9 8 7 6 5 4 3 2 1
```

图2.4展示了本例程序生成的两个文本文件的内容。

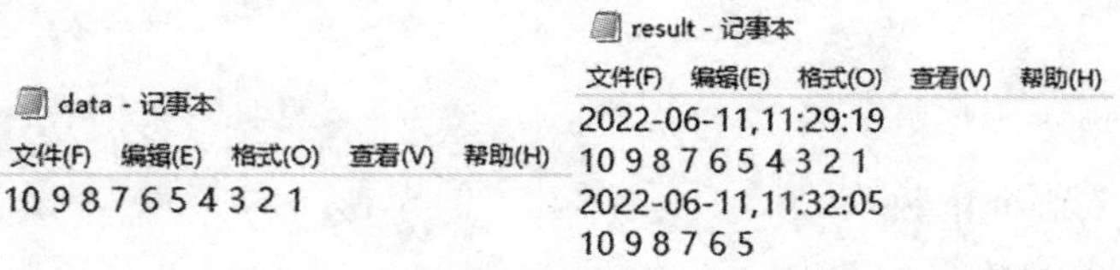

data - 记事本
文件(F) 编辑(E) 格式(O) 查看(V) 帮助(H)
10 9 8 7 6 5 4 3 2 1

result - 记事本
文件(F) 编辑(E) 格式(O) 查看(V) 帮助(H)
2022-06-11,11:29:19
10 9 8 7 6 5 4 3 2 1
2022-06-11,11:32:05
10 9 8 7 6 5

图2.4　"data.txt"和"result.txt"文件中的内容

编程提示：

（1）文件是计算机长期（持久化）存储数据的方式。程序中需要的数据可以存储在文件中，供程序运行时读取使用；程序的运行结果也可以写到专门的文件中，以方便查看、传输与共享。

（2）本题使用了多种打开文件的方式，关于文件操作的详细用法可参考配套教材5.3.2小节。

（3）首次运行该程序时，由于当前目录中并不存在data.txt文件，因此以只读方式打

开文件必然失败,会进入if语句以只写方式创建该文件。此后再在当前目录中运行该程序时,因data.txt文件已存在,会跳过if语句,直接打开第二个文件。请读者尝试多次运行该程序,观察当前目录中文件以及文件中的内容的变化情况。

（4）为了区分不同情况下的结果,可以在文件中写入当前的日期和时间。通过time.h头文件中声明的"time()"函数可以获得自1970年1月1日以来的秒数,然后再通过程序转换为日期(年月日)和时间(时分秒)。

（5）向文件中写数据时,一定要在数据间加入适当的字符进行间隔。

2.3.2 自主编程

根据题目描述,参考输入输出样例以及学习要点或编程提示,自行设计算法并编写程序实现指定的功能要求。

1. 统计数组中正数的个数

功能要求：

（1）定义一个一维整型数组并初始化,用于初始化的值中必须包括正数、负数和0。

（2）使用循环语句按每行4个数据顺序打印数组中的元素值,在循环过程中统计该数组中正数的个数。

（3）在循环结束后打印正数的个数。

（4）使用循环语句从键盘输入数据替换该数组的所有元素值,输入的数据中必须包括正数、负数和0。在循环过程中统计该数组中正数的个数。

（5）在循环结束后打印正数的个数。

输入输出样例：

```
01  数组中的元素是:
02    1 -20 -4
03    1  20   4
04   -5   6
05  数组中有5个正数
06  请输入新的数组元素值:
07  0 2 -3 -4 0 -2 2 0 5 6
08  数组中有4个正数
```

编程提示：

可以使用%3d的格式使输出的整数占据3个字符的位置且右对齐显示。

2. 寻找数组中最大的数并交换到首位

功能要求：

（1）定义一个double型一维数组并初始化。

(2) 使用循环语句按每行4个元素打印该数组的所有元素,并在循环中寻找该数组中最大的数所在的位置(下标)。

(3) 循环结束后打印下标。

(4) 当该数据不是首个元素时,将该数据与首个元素进行交换。

(5) 按每行4个元素打印交换后的数组的所有元素。

输入输出样例:

01	数组中的元素:
02	2.25 8.00 0.28 3.45
03	2.70 9.09 3.33 4.30
04	最大元素的下标:5
05	交换后的数组:
06	9.09 8.00 0.28 3.45
07	2.70 2.25 3.33 4.30

编程提示:

可以使用%.2f的格式使输出的浮点数仅显示小数点后2位。

3. 从数组中删除一个元素

功能要求:

(1) 定义一个大小为N的整型数组a,从键盘输入数据的个数n(n<N),再输入n个数据到该数组中。

(2) 如下面的输入输出样例所示,在循环中从键盘输入操作方式,然后执行相应的操作。

输入输出样例:

01	输入数据个数(1~100):5
02	输入5个数据:1 3 3 3 5
03	选择操作:0—按下标删除,1—按数据删除,10—退出:
04	0
05	输入要删除的元素的下标:
06	2
07	删除后的数组:
08	1 3 3 5
09	选择操作:0—按下标删除,1—按数据删除,10—退出:
10	1
11	输入要删除的数据:

12	3
13	删除后的数组：
14	15
15	选择操作：0—按下标删除，1—按数据删除，10—退出：
16	10

编程提示：

（1）程序运行过程中并不能真的删除数组的元素，所谓的"删除"某个元素只能是用其他数据覆盖该元素所在内存空间。一般是用该元素后面的那个元素值进行覆盖，并依次用后面的元素值覆盖前一个元素，使得整个数组看起来像是缩短了一个元素。然而，这样做会存在一个问题：数组尾部的那个元素怎么处理？答案是为其赋一个"无效值"。为此，需要事先定义什么是数组元素的"有效值"和"无效值"。很多人会下意识地将0作为"无效值"，然而这是有风险的。毕竟，在实际系统中0是很常见的数据，在大量系统中甚至是最常出现的数据。

（2）通常的建议是根据系统的需求以及数据的特性区分"有效"和"无效"。比如对教务系统来说，负的分数是没有意义的，但0是很有可能出现的，因此可以将−1作为"无效值"填入多余的数组元素中。读者可以思考一下，如果数据允许是负值，可能的方案是什么？

4. 矩阵转置

对 m 行 n 列的矩阵 $A_{m \times n}$ 来说，把它的行与同序数的列交换，以得到一个 n 行 m 列的矩阵的操作称为 A 的转置，转置的结果通常表示为 A^{T}。为简单起见，本例只考虑 n 行 n 列的矩阵（因行列数相同，也称为方阵）的转置。

例如，方阵 A 为 $\begin{bmatrix} 1 & 2 & 3 \\ 4 & 5 & 6 \\ 7 & 8 & 9 \end{bmatrix}$，转置后的 A^{T} 为 $\begin{bmatrix} 1 & 4 & 7 \\ 2 & 5 & 8 \\ 3 & 6 & 9 \end{bmatrix}$。

数学中的矩阵在C程序中通常用二维数组表示。编写程序实现方阵的转置。

功能要求：

（1）定义一个整型二维数组并初始化，按行列对齐打印该数组。

（2）使用循环语句执行矩阵转置的操作，完成后按行列对齐打印结果。

输入输出样例：

01	转置前的矩阵：
01	9 6 5
02	4 3 3
03	0 1 2
04	转置后的矩阵：

05	9 4 0
06	6 3 1
07	5 3 2

编程提示：

（1）矩形转置等逻辑比较复杂的程序一般都有两层及以上的循环,建议编写之前要理清思路,找准题目的立意,否则循环的变量赋值、终止条件等很容易出错。例如,本题就需要弄清楚矩阵转置的定义,分析出要将对角线一侧的元素与另一侧交换,才能实现要求。

（2）对一个方阵进行转置,可以采用将对角线两侧对称位置上的元素颠倒的方法（即交换对角线对称位置的元素）来实现。所以,可以设置两层循环,将对角线一侧的数组元素与另一侧行数、列数相反的对应数组元素交换位置即可。

（3）操作数组的元素时应始终牢记:下标的取值范围总是从0开始,到一维数组的大小（二维数组的行数）$N-1$为止。

5.打印日历

功能要求：

（1）从键盘输入一个整数代表年份,再输入这一年的元旦是星期几。

（2）按以下输入输出样例的格式打印这一年的日历。

输入输出样例：

01	输入一年的年份和1月1日是星期几(1~7):2021 5						
02	2021年1月						
03	星期一	星期二	星期三	星期四	星期五	星期六	星期天
04					1	2	3
05	4	5	6	7	8	9	10
06	11	12	13	14	15	16	17
07	18	19	20	21	22	23	24
08	25	26	27	28	29	30	31
09							
10	2021年2月						
11	星期一	星期二	星期三	星期四	星期五	星期六	星期天
12	1	2	3	4	5	6	7
13	8	9	10	11	12	13	14
14	……						

编程提示：

参考程序填空题5(本书P71,5.数组与文件),用二维数组存储平年、闰年每个月的天数,判断平年、闰年后再逐月打印日历。

6. 在二维有序数组中插入数据

功能要求:

(1) 定义一个 n 行 m 列的 double 型二维数组并将前 $n-1$ 行显式初始化(即仅给出前 $n-1$ 行的初始化值,第 n 行的所有元素值会被自动初始化成 0),初始化的值全部为正数并按降序排列。

(2) 按行列对齐打印当前的数组元素值。

(3) 使用循环语句从键盘输入正数,每输入一个就按顺序插入到当前数组中,直到填满整个数组(第 n 行的所有 0 都被覆盖掉)。

(4) 按行列对齐打印当前的数组元素值。

输入输出样例:

01	当前数组为:
02	9.83 6.35 5.66
03	4.77 3.56 3.55
04	0.00 0.00 0.00
05	输入数据:
06	7.77
07	3.24
08	8.08
09	当前数组为:
10	9.83 8.08 7.77
11	6.35 5.66 4.77
12	3.56 3.55 3.24

编程提示:

二维数组本质上仍然是以一维(线性)的方式存储的,在其中插入数据的操作与一维数组的原理相通,区别在于需要按行和列表示与计算元素的位置。

7. 字符替换

功能要求:

(1) 从键盘接收一个字符串存入一维字符数组中,字符串中不含空格。

(2) 将字符数组中的每个数字都替换成一个"*",然后分别正序和倒序打印。

(3) 重复以上步骤 3 次。

输入输出样例：

01	输入一个字符串：23asdfaf234rdsdf435sdf
02	正序：**asdfaf***rdsdf***sdf
03	逆序：fds***fdsdr***fafdsa**
04	输入一个字符串：adf2455sdfgf3453sdfg34654y7
05	正序：adf****sdfgf****sdfg*****y*
06	逆序：*y*****gfds****fgfds****fda
07	输入一个字符串：435dsfgshngfdg
08	正序：***dsfgshngfdg
09	逆序：gdfgnhsgfsd***

8. 统计字符

功能要求：

（1）从键盘输入一个包含多种类型字符的字符串。

（2）分别按大写字母、小写字母、数字、空格、ASCII码值小于32的控制字符和其他字符进行分类，并存储到一个一维数组中。

（3）打印统计结果。

输入输出样例：

01	输入一串字符：12 abc XWY @#$
02	^Z
03	统计结果：3个大写字母，3个小写字母，2个数字，3个空格，1个控制字符，3个其他字符

编程提示：

（1）注意输入输出样例中包含了一个回车字符。

（2）建议使用getchar库函数和循环控制结构实现字符流的输入。

（3）使用getchar库函数时，可以用EOF判断输入是否结束。

（4）在unix（或linux）操作系统中可以通过Ctrl＋D组合键在单独一行输入EOF以结束输入，在windows系统中可以通过Ctrl＋Z组合键在单独一行输入EOF来结束输入。

9. 字符串合并

功能要求：

（1）分别从键盘接收两个字符串存入两个字符数组中。

（2）将两个字符串合并，即将第二个字符数组中的字符串连接到第一个字符数组的字符串的尾部。

（3）打印合并后的字符串。

（4）重复以上步骤3次。

输入输出样例：

```
01  输入第一个字符串：
02  abcdefg
03  输入第二个字符串：
04  12345
05  合并后的字符串：
06  abcdefg12345
07  ……
```

编程提示：

（1）第一个字符数组的大小要足够容纳合并后的字符串（包括字符串结束符'\0'），否则会导致数组越界，出现不符合预期的输出。

（2）合并字符串的时候，要注意字符串结束字符'\0'的处理。

10. 字符串替换

功能要求：

（1）定义一个一维字符数组并初始化，初始化的字符串中应至少包含2个"abc"和3个"0"，然后打印该字符数组。

（2）从键盘输入一个包含4个字符的字符串，用该字符串替换先前一维字符数组中的每个字符"0"，然后打印替换后的字符数组。

（3）用一个字符"*"替换该数组中的每个"abc"组合（假设出现字符"a"的地方总是这三个字母的组合）进行加密，然后打印加密后的字符数组。

输入输出样例：

```
01  替换前的字符串：23abc0sdfabcf2340cbsd0f4
02  输入一个字符串：USTC
03  替换后的字符串：23abcUSTCsdfabcf234USTCcbsdUSTCf4
04  加密后的字符串：23*USTCsdf*f234USTCcbsdUSTCf4
```

编程提示：

该字符数组的大小要足够容纳替换后的字符串，否则会导致数组越界，出现不符合预期的输出。

思考与选做：

思考第（3）条去掉假设的情况下，应该如何修改程序。

2.4 结构体的简单应用

本节主要练习结构体的简单用法以及递推、穷举、贪心等基础算法。

2.4.1 程序填空

根据题目的描述与功能要求,参照程序中的注释补全空缺的代码,使得程序能够正确运行并得到与输入输出样例相符的结果。

1. 结构体的基本操作

结构体类型可以用来表示基本数据类型无法描述的对象,它将属性不同的数据打包成一个整体,构成一种专用的数据类型。结构体类型使得复杂对象的数据表示变得结构清晰,编程也更加方便。结构体类型的定义有多种形式,结构体类型的变量和数组的定义与初始化和基本数据类型类似,访问结构体的成员时需要使用专门的成员选择运算符"."。

本题练习结构体类型的定义、结构体变量和数组的定义以及赋值、输入输出等操作。

程序代码:

```
01  #include ⟨stdio.h⟩
02  struct date {   //struct 与 date 一起表示一个结构体类型
03      int year;   //成员:年
04      unsigned month;   //成员:月
05      unsigned day;   //成员:日
06  };   //注意结尾有分号
07  int main( )
08  {
09      //为便于查看,结构体类型通常定义在文件头部,但也可以定义在函数内部
10      struct person{   //struct 与 person 一起表示一个结构体类型
11          unsigned int id;   //编号
12          char name[20];   //姓名
13          char gender;   //性别
14          struct date birth;   //生日
15          float score;   //成绩
16          char addr[100];   //地址
17      };
18      struct {   //没有名称(匿名)的结构体类型定义
```

```
19          int a;
20          float b;
21          char c;
22      } a1,a2;   //匿名的结构体类型只能同时定义结构体变量
23      struct {   //仅演示,一般不建议使用匿名的结构体类型
24          int a;
25          float b;
26          char c;
27      }b[2]={{1,1.1,'1'}};/* 匿名的结构体类型只能与数组同时定义,虽然
        与上一个结构体类型的成员完全相同,但它们是两个不同的结构体类型,可以
        用下面的赋值语句证明 */
28      _____ zh3,li4={10001,"li si",'M',{2000,1,1},88,"USTC"}; /*定义
        结构体变量并初始化*/
29      zh3=li4;   //相同类型的结构体变量间可以直接赋值
30      b[1]=__;   //相同类型的结构体数组元素间可以直接赋值
31      //a1=b[0];  //a1与b[0]是不同类型的结构体,不能直接赋值
32      //访问结构体变量的成员
33      printf("%s:%d,%c,%d-%d-%d,%f,%s\n",zh3.name,zh3.id,zh3.
        gender,zh3.birth.year,zh3.birth.month,zh3.birth.day,zh3.score,zh3.addr);
34      //打印结构体数组元素的信息
35      printf("b[1]:_____\n",b[1].a,b[1].b,b[1].c);
36      _____;   //用一条语句给结构体变量a2赋值
37      printf("a2:%d,%f,%c\n",a2.a,a2.b,a2.c);   //打印a2的信息
38      return 0;
39  }
```

输入输出样例:

```
01  li si:10001,M,2000-1-1,88.000000,USTC
02  b[1]:1,1.100000,1
03  a2:2,2.100000,a
```

2.结构体数组的基本操作

结构体类型的数组作为二维数据表使用非常方便,当数据的条目(结构体数组的元素)很多时,可以通过查找结构体成员检索出整个条目的全部信息。

功能要求:

(1)定义一个结构体类型及其数组,从键盘输入结构体数组的各元素数据。

（2）根据指定的结构体成员数据在结构体数组中进行查找，并打印相应的信息。

程序代码：

```
01  #include 〈stdio.h〉
02  #include 〈math.h〉   //fabs()函数在此头文件中声明
03  struct student{   //struct 与 student一起表示一个结构体类型
04      int gid;   //编号
05      char name[20];   //姓名:字符
06      char gender;   //性别:M 或 F
07      float score;   //成绩
08  };
09  int main()
10  {
11      struct  student stu[100];   //定义一个结构体类型的数组
12      int i,j,k,n,so,gid;   //循环变量,临时变量
13      char name[20];
14      char gender;
15      float score;
16      printf("输入学生人数:");
17      scanf("%d",&n);
18      printf("输入%d位学生的信息:编号 姓名 性别 成绩\n",n);
19      for(i=0;i<n;i++) {   //为每个结构体数组元素输入以上信息
20          scanf("%d%s",_____, _____);   //输入编号和姓名
21          getchar();   //取走缓冲区中在姓名与性别之间的间隔符
22          scanf("%c%f",_____, _____);   //输入性别和成绩
23      }
24      printf("输入查找方式(0—编号,1—姓名,2—性别,3—成绩):");
25      scanf("%d",&so);
26      switch (so) {
27          case 0:
28              printf("输入学生的编号:");
29              scanf("%d",&gid);
30              for(i=0;i<n;i++) {
31                  if(gid==_____){   //找到相同编号的学生
32                      printf("%d %s %c %f\n",_____); /* 打印该学生
的编号、姓名、性别和成绩信息 */
```

```
33                        }
34                     }
35                  break;
36            case 1:
37               printf("输入学生的姓名：");
38               scanf("%s",name);
39               for(i=0;i<n;i++){
40                  j=0;k=0;
41                  while(_____){   //未到结束字符时,遍历姓名字符串,
42                     if(name[j]!=_____){/*逐个字符比较输入的学生
姓名与当前结构体数组元素中的学生姓名,当遇到不同的字符时*/
43                        k=1;   //修改标识k的值
44                        break;
45                     }
46                     j++;
47                  }
48                  if(   ){   //当找到相同姓名的学生
49                     printf("%d %s %c %f\n",_____); /*打印该学生
的编号、姓名、性别和成绩信息*/
50                  }
51               }
52               break;
53            case 2:
54               getchar();   //取走缓冲区中在姓名与性别之间的间隔符
55               printf("输入学生的性别：");
56               scanf("%c",&gender);
57               for(i=0;i<n;i++){
58                  if(gender==_____){   //找到相同性别的学生
59                     printf("%d %s %c %f\n",_____); /*打印该学生
的编号、姓名、性别和成绩信息*/
60                  }
61               }
62               break;
63            case 3:
64               printf("输入学生的成绩：");
```

```
65            scanf("%f",&score);
66            for(i=0;i<n;i++) {
67                 if(fabs(score−_____)<1e−6) { /*找到相同成绩的
学生*/
68                      printf("%d %s %c %f\n",_____); /*打印该
学生的编号、姓名、性别和成绩信息*/
69                 }
70            }
71            break;
72        default:
73            break;
74        }
75     return 0;
76 }
```

输入输出样例:

```
01 输入学生人数:3
02 输入3位同学的信息:编号 姓名 性别 成绩
03 101 zhang M 87.5
04 103 li M 88
05 102 wang F 86
06 输入查找方式(0—编号,1—姓名,2—性别,3—成绩):2
07 输入学生的性别:M
08 101 zhang M 87.500000
09 103 li M 88.000000
```

编程提示:

当程序中有多条输入数据的语句,且其中至少有一条是输入单个字符的语句时,如 scanf("%c",...)或 getchar(),需要小心输入缓冲区中残留的字符。输入函数 scanf()在从缓冲区取数据(其实全部是当成字符处理)时,会连续取走所有符合格式要求(比如%d 要求只能是0~9的数字字符)的字符,直到遇到第一个不符合格式的字符或者空格、tab 和回车这些用于间隔数据的字符就停止,于是这些字符会被留在缓冲区中。而执行取单个字符的语句时,会读取缓冲区的第一个字符,于是很可能读出的就是残留的多余字符或者间隔字符,而不是期望中的字符。例如,有如下语句:

    int d;
    char c;
    scanf("%d%c",&d,&c);

85

如果从键盘输入"2↵a",其中"↵"表示回车,则c接收到的是字符"\n"而非字符"a"。常用的解决办法有三个:

(1)只输入"2a"就能得到期望的结果。从设计者的角度,这种方法思路简单,不需要修改程序,但这对使用者提出了要求,需要采用与其他数据不一致的输入方式,很难保证每次输入都能记得并遵守,用术语说就是"用户交互不友好"。

(2)把scanf("%d")和scanf("%c")分成两条语句,在中间加一条"getchar();"语句取走空格、tab、回车这些间隔符,如本题所示。但这种方法只能应对数据间只有一个间隔字符的情况,万一不小心多打了一个空格或回车,程序依然不能正确运行,也依然对用户不友好。

(3)把scanf("%d")和scanf("%c")分成两条语句,在中间加一条"fflush(stdin);"语句清空输入缓冲区(stdin是标准输入流,默认就是键盘输入缓冲区)。这种做法虽然粗暴,但很有效,可以清除所有的残留字符和间隔字符,留下一个清清爽爽、干干净净的缓冲区给数据输入者使用。唯一的问题就是不能用第一种输入方法了。

当然,如果程序中没有输入单个字符的语句就不需要考虑这些问题了,scanf会把一切安排得明明白白。

思考与选做:

(1)当前的程序每运行一次只能做一次选择,调试每个选择项时都要从头输入所有的信息,非常麻烦。读者可以尝试将其改成能循环进行选择与操作,并设置合理的退出循环的条件。

(2)尝试将"getchar();"改成"fflush(stdin);"(在stdio.h中声明),并通过不同风格的输入验证运行效果。

3. 结构体数组与文件操作

本例通过实现一个简单的学生信息管理程序来练习结构体数组与文件的操作。

功能要求:

(1)以文本文件的方式存储学生信息。

(2)给出字符形式的菜单,根据输入的选择项,执行显示学生信息、添加学生信息、结束程序功能。

(3)使程序保持循环运行,直至输入"结束程序"选择项。

程序代码:

```
01  #include <stdio.h>
02  #include <time.h>    //包含获取系统当前日期和时间的函数声明等
03  struct student{    //struct student是结构体类型名
04      int gid;    //编号
05      char name[20];    //姓名
```

```
06        char gender;    //性别:M 或 F
07        float score;    //成绩
08    };
09    int main( ){
10        FILE *fpi,*fpo;    //定义两个指针变量用于读文件和写文件
11        time_t seconds;    //从1970年1月1日到现在的秒数
12        struct tm *stm; /*结构体指针,指向存储时间域(年月日,时分秒等)的结
构体,引用其成员时用"->"成员选择运算符*/
13        struct student a[100];    //存放学生信息的结构体数组
14        char ch;    //临时变量
15        int n,i,j,t;
16        int op;    //操作选项(0-显示文件内容,1-向文件写入数据,10-退出)
17        while(1) {    //保持程序循环运行
18            printf("选择操作(0-显示内容,1-输入数据,10-结束):");
19            scanf("%d",&op);
20            switch (op) {
21            case 0:
22                fpi=fopen("stardata.txt",___);    //以只读的方式打开文件
23                if(fpi==___) {    //打开失败
24                    printf("打开 stardata.txt 文件出错了\n");
25                    return -1;    //结束程序并返回常用于表示执行异常的值-1
26                } else {    //打印文件内容
27                    while(! feof(fpi)) {    //未到文件末尾
28                        putchar(fgetc(fpi));    //从文件读取一个字符并打印
29                    }
30                    fclose;    //关闭文件
31                }
32                break;
33            case 1:
34                printf("要写入文件的数据个数(1~100):");
35                scanf("%d",&n);
36                printf("输入%d位同学的信息:编号 姓名 性别 成绩\n",n);
37                for(i=0;i<n;i++) {
38                    scanf("%d%s",_____);    //输入编号与姓名
39                    fflush(stdin);    //清空输入缓冲区
```

```
40              scanf("%c%f",_____);    //输入性别与成绩
41          }
42          seconds=time(NULL);/*获取系统从1970年1月1日到现在的
    秒数*/
43          stm=localtime(&seconds);    //转换为结构体类型并用指针指向
44          fpo=fopen("stardata.txt",__);    //以追加的方式打开文件
45          //写时间信息到文件,通过"->"成员选择运算符引用其成员
46          fprintf(__,"%d-%02d-%02d,%02d:%02d:%02d\n",
    stm->tm_year+1900,  stm->tm_mon+1,  stm->tm_mday,  stm->
    tm_hour,stm->tm_min,stm->tm_sec);    //写时间戳到文件
47          for(i=0;i<n;i++){
48              fprintf(__,"%d %s %c %.2f\n",_____);/*将结构数
    组中的数据写入文件*/
49          }
50          fprintf(__,"\n");    //最后写一个换行到文件
51          fclose(fpo);    //最后须关闭文件
52          break;
53      case 10:    //结束程序
54          return 0;
55      default:    //规范的C程序应该加default语句以应对意外情况
56          break;
57      }
58  }
59  return 0;
60 }
```

输入输出样例：

```
01 选择操作(0—显示内容,1—输入数据,10—结束):0
02 打开stardata.txt文件出错了
03 选择操作(0—显示内容,1—输入数据,10—结束):1
04 要写入文件的数据个数(1～100):3
05 输入3位同学的信息:编号 姓名 性别 成绩
06 103 li M 83
07 102 wang F 86
08 101 zhang M 88
09 选择操作(0—显示内容,1—输入数据,10—结束):0
```

10	2022－06－14,14:04:32
11	103 li M 83.00
12	102 wang F 86.00
13	101 zhang M 88.00
14	
15	选择操作(0—显示内容,1—输入数据,10—结束):1
16	要写入文件的数据个数(1~100):3
17	输入3位同学的信息:编号 姓名 性别 成绩
18	105 zhen M 80
19	106 jiang F 79
20	109 hu F 90
21	选择操作(0—显示内容,1—输入数据,10—结束):0
22	2022－06－14,14:04:32
23	103 li M 83.00
24	102 wang F 86.00
25	101 zhang M 88.00
26	
27	2022－06－14,14:05:18
28	105 zhen M 80.00
29	106 jiang F 79.00
30	109 hu F 90.00
31	
32	选择操作(0—显示内容,1—输入数据,10—结束):10

编程提示:

(1) 在"time.h"中提供了系统时间的获取与转换的相关函数声明,如"time()"函数获取系统自 1970 年 1 月 1 日以来的秒数(没有加时区的)、"localtime()"函数将秒数(参数)转换为一个"struct tm"类型的结构体存储日期和时间数据,并返回指向此结构体的指针。更多详细信息可通过网络搜索了解与学习。

(2) 本题多处用到指针,读者照葫芦画瓢即可,在后续章节会学习其中的原理。

(3) 在使用 switch 语句时,最规范的做法是始终有一条 default 语句,以处理所有意想不到的情况。毕竟,无论你水平有多高,且多么认真和努力,都不可能让软件中没有 bug 存在(本书所有的程序,以及读者在未来若干年内能写出的程序都过于简单,并不能称之为软件)。不要试图去穷举有哪些意外,而是要尽可能让意外无空可钻。这是软件开发者需要牢记的一条重要原则。

2.4.2 自主编程

根据题目描述,参考输入输出样例以及学习要点或编程提示,自行设计算法并编写程序以实现指定的功能要求。

1. 调整时间

功能要求：

(1) 用以下结构体类型表示 24 小时制的时间：

```
struct Time {
    int hours;    //时
    int minutes;  //分
    int seconds;  //秒
};
```

(2) 从键盘输入时间(时、分、秒)到结构体变量中,当输入的数据不合理时(如秒大于 60 或小于 0),提示输入错误并允许重新输入一次,再次输入不合理的数据时结束程序的运行。

(3) 从键盘输入一个整数作为用于调整时间的秒数：负数表示从当前时间回退的秒数；正数表示从当前时间前进的秒数；如果是 0 则退出程序。

(4) 分别打印调整前后的时间。

(5) 保持程序循环运行,直至满足退出条件。

输入输出样例：

01	请输入时,分,秒:16,31,20
02	请输入调整时间的秒数:30
03	16—31—20调整30秒后为:16—31—50
04	请输入调整时间的秒数:30
05	16—31—20调整30秒后为:16—31—50
06	请输入调整时间的秒数:—50
07	16—31—20调整—50秒后为:16—30—30
08	请输入调整时间的秒数:0

2. 模拟投票

功能要求：

(1) 用以下结构体类型表示候选人信息：

```
struct candidate{
    int id;    //编号
```

```
        char name[30];    //姓名
        char gender;    //性别
        unsigned votes;    //得票数
    };
```

（2）从键盘输入候选人的数量，然后输入候选人的信息。

（3）输入"0"空格后跟编号，按候选人的编号投票；输入"1"空格后跟姓名，按候选人的姓名投票；输入"10"结束投票，并打印投票结果。

（4）保持程序循环运行，连续投票直至输入"10"。

输入输出样例：

01	有几位候选人：3
02	输入3位候选人的信息（编号，姓名，性别）：
03	101 zhang M
04	103 li M
05	102 wang F
06	开始投票：
07	投票（0 编号，1 姓名，10 结束）：
08	0 101
09	投票（0 编号，1 姓名，10 结束）：
10	0 102
11	投票（0 编号，1 姓名，10 结束）：
12	0 103
13	投票（0 编号，1 姓名，10 结束）：
14	1 zhang
15	投票（0 编号，1 姓名，10 结束）：
16	1 li
17	投票（0 编号，1 姓名，10 结束）：
18	1 li
19	投票（0 编号，1 姓名，10 结束）：
20	1 wang
21	投票（0 编号，1 姓名，10 结束）：
22	10
23	投票结果：
24	101,zhang,M:2票
25	103,li,M:3票
26	102,wang,F:2票

编程提示:

可以调用strcmp函数比较两个字符串(数组),该函数在string.h头文件中声明,用法示例:

```
char s1= "abc";
char s2[10]="abc";
if(strcmp(s1,s2)==0) {
    printf("两个字符串相同");
}
```

当s1和s2中(截止到'\0'之前)的字符完全相同时函数返回0,否则返回第一个不相同字符的ASCII码差值。

配套教材4.3.4节"库函数"中有关于strcmp函数的说明和用法示例。

2.5 综 合 练 习

2.5.1 计算思维实训(1)

本节针对计算涉及的各种性质进行训练,以帮助读者充分认识与体会"计算"以及"计算思维"的思想与方法。其中的"思考与选做"可能涉及较为深入的计算机科学领域知识,有较好计算机基础且感兴趣的读者可以尝试解决其中的问题。

1. 计算的精度:数值计算

问题描述:

用数学形式描述现实世界中的事物,称为数学建模,简称建模。这是计算思维中最常见的一种抽象方法。数学建模的结果称为数学模型,简称模型(Model)。模型可能是连续的(如微分方程模型),也可能是离散的(如差分方程模型),还有的模型无法用数学方程形式表达,而是用流程图或网络图形式表达(如城市交通系统、计算机集成制造系统等的模型)。

当利用计算机求解数学方程模型时,只能以离散的方式进行,这个过程称为数值计算。数值计算包括连续系统离散化和离散形方程的求解。前者需要把描述问题的连续方程转换为离散形式,后者则是在抽象问题时就直接使用离散的表达形式。数值计算往往只能得到近似解,因此需要考虑误差、收敛性和稳定性等问题。从数学类型来分,数值计算包括数值逼近、数值微分和数值积分、数值代数、最优化方法、常微分方程数值解法、积分方程数值解法、偏微分方程数值解法、计算几何、计算概率统计等。许多计算领域的问题,如计算物理、计算力学、计算化学、计算经济学等都可归结为数值计算问题。

在培养计算思维时,很重要的一点就是接受并充分利用计算的不精确性(或近似性)。数值计算虽然不能保证完全精确,但只要算法收敛,就一定能在允许的精度下给出实际问题的可用解,比起绞尽脑汁寻找解析求解方法来更加简单而又高效,更何况很多问题根本就没有解析解。对工程学来说,能用、好用才是王道。

设计程序,实现用牛顿迭代法求方程的根,掌握离散化的思想与方法,理解与建立计算精度的概念。

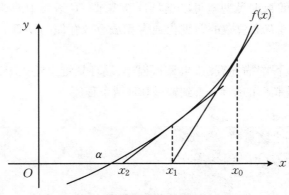

图2.5　牛顿迭代法求方程的根

用牛顿迭代法求方程的根的思想如图2.5所示,从任意初值x_0开始,在曲线$f(x)$的点$f(x_0)$上作切线,与x轴相交得到x_1,再作切线得到x_2,依次类推,得到迭代公式(2.5):

$$x_{n+1} = x_n - f(x_n)/f'(x_n) \tag{2.5}$$

迭代计算就可以得到符合某个精度要求的方程的根。

实训要求:

自己定义两个不同阶次的方程,编程求解其根。

2. 计算的敏感性:蝴蝶效应

问题描述:

"蝴蝶效应"在数学上是一种混沌态,在现实世界中的很多领域都有表现。这种现象看起来很复杂,却可以通过简单的迭代计算模拟出类似的效果。这一类迭代公式的共同特点是计算结果对初始条件非常敏感。其中最简单的一种混沌态可由Logistic映射产生,该映射的定义如公式(2.6)所示。

$$x_{n+1} = x_n \mu (1 - x_n), \quad \mu \in [0, 4], x_n \in (0, 1) \tag{2.6}$$

研究指出,只有当$\mu \in (3.5699456\cdots, 4)$时,Logistic映射才会呈现出混沌态。此时,由初始条件x_0在Logistic映射的作用下所产生的序列$\{x_n, n = 0, 1, 2, 3, \cdots\}$是非周期的、不收敛的,对初始值非常敏感。即初值的任何微小改变都会在多步迭代后产生巨大的结果差异。

实训要求:

编写程序,从3.56994558开始,每步递增$1.0 * 10^{-8}$进行迭代计算,验证呈现混沌态时μ的临界取值。

3.计算的有限性:进制转换

问题描述:

在将十进制小数转换为二进制时,绝大多数情况下都会存在误差。如果不进行高精度的计算,使用常用的数据类型就可以满足计算需求。C语言中的浮点型数据类型只有有限的有效位数,超过有效位数的数据位通常无法有效存储与计算。

实训要求:

先用伪代码或流程图描述算法,再编写程序,循环从键盘输入十进制浮点数,然后计算并打印转换成二进制后的结果,直到输入0时结束程序。

输入输出样例:

```
01    输入一个浮点数:666.25
02    二进制为:1010011010.01
03    输入一个浮点数:123.123
04    二进制为:1111011.0001111101111101
05    输入一个浮点数:0
```

4.计算的相对性:补码运算

问题描述:

有符号数通常以补码形式进行存储,这样可以将减法运算转换为加法运算,简化底层运算过程。编写程序验证补码运算的思想。

实训要求:

先用伪代码或流程图描述算法,再编写程序,分别演示一个正整数和一个负整数相加、两个负整数相加(均为十进制)时,在二进制层面从原码到补码的01数字串表示形式,以及补码相加并转换回十进制结果的运算过程。

5.计算的逻辑:全排列

问题描述:

求集合中所有元素的排列情况,称为全排列问题。这是计算机科学中的一个经典问题,有多种求解方法。以集合$\{1, 2, 3, \cdots, N\}$($N \leqslant 20$)为例,为得到全排列,一种简单的方法是从1和2的有序组合12开始,首先将3插入到其中,得到如下排列:

123,132,312

再交换1和2的位置,即有序组合21,插入3,可得如下排列:

213,231,321

求解全排列问题时不需要进行加减乘除等运算,但要进行大量的数组元素移动和插入。在计算机科学领域,只要是在计算机上进行的操作都被视为计算,对任何计算过程的描述都是算法。以上算法思路看似简单,但要清晰地描述其完整的逻辑并不容易。

实训要求:

针对 $N=5$ 的集合,用伪代码或流程图描述全排列算法,再编程实现,将排列结果存入一个文件中。

6. 计算的多样性:Karatsuba 乘法

问题描述:

我们从小到大一直使用的逐位计算的乘法计算方式,其实只是乘法算法的一种,由三种基本操作组成:① 两个个位数相加;② 两个个位数相乘;③ 在一个数的之前或之后添加一个 0。Karatsuba 乘法是 Karatsuba 于 1960 年提出的一种用于两个大数相乘的算法。其方法是先将大数分成两段,然后做 3 次乘法,并附带少量的加法操作和移位操作,从而显著降低乘法计算的复杂程度。示例如下:

令 $x=5678,y=1234$,拆分 x 为 $a=56$ 和 $b=78$,y 为 $c=12$ 和 $d=34$。

(1)计算 $a*c$ 得到 672;

(2)计算 $b*d$ 得到 2652;

(3)计算 $(a+b)*(c+d)=6164$;

(4)步骤(3)的结果减去前两个步骤的结果 $6164-672-2652=2840$;

(5)把步骤(1)的结果后面加 4 个 0、步骤(4)的结果后加 2 个 0,再与步骤(2)的结果相加,即 $6720000+284000+2652$,得到最终的乘法结果 7006652。

实训要求:

首先自行了解 Karatsuba 乘法的原理,再用伪代码或流程图描述该算法,最后编写程序实现该算法,只需解决乘积不超过 int 数据类型范围的两个大数的相乘问题。

思考与选做:

当乘积超出 long long int 的取值范围,但又必须保证计算精度,不允许使用浮点类型的时候,如何实现两个整数的相乘?

2.5.2 简易通讯录

参考以下代码设计程序的总体框架:

```
01  #include 〈stdio.h〉
02  typedef struct record {    //通讯录的结构体类型定义
03      char name[30];    //姓名
04      char phone[20];    //手机号
05      char weixin[30];    //微信号
06      char qq[20];    //QQ号
07      char note[50];    //备注
```

```
08  }RECORD;   //自定义数据类型,详见编程提示
09  int main()   //简易通讯录
10  {
11      short cmd=0;   //操作命令
12      while(1){
13          printf("\t\t\t\t******************************\n");
14          printf("\t\t\t\t*********简易通讯录**********\n");
15          printf("\t\t\t\t******************************\n");
16          printf("\t\t\t\t****** 1,显示通讯录   ******\n");
17          printf("\t\t\t\t****** 2,添加联系人   ******\n");
18          printf("\t\t\t\t****** 3,查找联系人   ******\n");
19          printf("\t\t\t\t****** 4,删除联系人   ******\n");
20          printf("\t\t\t\t****** 0,退出        ******\n");
21          printf("\t\t\t\t******************************\n");
22          /////////////////////////////////////////
23          printf("请选择操作:");
24          scanf("%d",&cmd);
25          if(cmd==0){
26              break;
27          }
28          switch(cmd){
29              case 1:...   //显示通讯录里的所有联系人
30                  break;
31              case 2:...   //添加新的联系人到通讯录
32                  break;
33              case 3:...   //查找通讯录里的联系人并显示
34                  break;
35              case 4:...   //删除通讯录里的联系人
36                  break;
37              default:...   //处理其他输入项
38                  break;
39          }
40      }
41      return 0;
42  }
```

功能要求:

(1)本题的5项功能如上面的菜单所示。

(2)添加联系人时,先从键盘输入添加联系人的人数,再依次输入联系人的信息,然后以追加方式写入到记录文件中。

(3)显示通讯录时,从文件中读取信息并打印。

(4)可以按输入的姓名或手机号在通讯录中查找记录并打印。

(5)可以按输入的姓名或手机号在通讯录中查找并删除记录,然后将删除了的该记录的通讯录写回文件中。

输入输出样例1:显示通讯录

```
01  ****************************
02  **********简易通讯录**********
03  ****************************
04  ****** 1,显示通讯录  ******
05  ****** 2,添加联系人  ******
06  ****** 3,通讯录排序  ******
07  ****** 4,查找联系人  ******
08  ****** 5,删除联系人  ******
09  ****** 0,退出      ******
10  ****************************
11  请选择操作:1
12  联系人      手机号        微信号        QQ号        备注
13  1: li       13912345678  wx12345678   12345678    no
14  2: wang     13812345678  wx87654321   876543210   ustc
15  3: zhang    13712345678  wx987654302  1246568994  china
```

输入输出样例2:添加联系人

```
01  ****************************
02  **********简易通讯录**********
03  ****************************
04  ****** 1,显示通讯录  ******
05  ****** 2,添加联系人  ******
06  ****** 3,通讯录排序  ******
07  ****** 4,查找联系人  ******
08  ****** 5,删除联系人  ******
09  ****** 0,退出      ******
10  ****************************
```

11	请选择操作:2
12	要添加几个联系人:3
13	li 13912345678 wx12345678 12345678 no
14	wang 13812345678 wx87654321 876543210 ustc
15	zhang 13712345678 wx987654302 1246568994 china

编程提示:

(1)C语言中可以使用typedef关键字为数据类型创建别名(详见配套教材附录B.2),别名的用法和原类型名完全相同。若为结构体类型创建别名,则该别名已经涵盖了struct关键字在内,因此在使用别名RECORD时,不需要再写struct关键字。本题用typedef定义了一个通讯录的结构体类型别名RECORD,RECORD完全等效于struct record。

(2)建议使用文本方式读写文件。

(3)可以调用strcmp函数比较两个字符串(数组)。

第3章　模块化编程练习

模块化程序设计的核心是函数。本章学习模块化程序设计的思想与方法,重点练习函数定义、函数调用、参数传递、变量作用域及存储类型等知识点。在此基础上,运用模块化程序设计思想进行计算思维方面的训练实践。

C程序由函数构成,当程序的功能较为复杂时,通常应该划分到多个不同的函数中实现,此时就需要使用模块化方法进行程序设计。学习编程,不能只关注具体的语言和语法,而是要同时学习程序设计的思想与方法,并牢固树立规范化编程的理念。

3.1　函　数　基　础

本节主要练习单个函数的定义,该函数在 main 函数中调用。

主要知识要点:

(1) C程序总是从 main 函数开始执行。

(2) 除了 main 函数以外的函数,常称为子函数,都仅在被调用时才会执行。

(3) 函数可以没有参数,也可以有一个或多个参数。

(4) 函数可以没有返回值,也可以有一个返回值。

(5) 定义函数时需要指明函数(返回值)的类型、形参的类型和形参名。

(6) 对有参数的函数 A,调用函数 A(称为被调函数)的函数 B(称为主调函数,但不一定是 main 函数)需要用实参(表达式)向函数 A 传入值,函数 A 的形参将会按对应的顺序接收实参传入的值。

(7) 当被调函数 A 有返回值时,将会被作为函数调用表达式的值传回到函数 B 的调用处。

3.1.1　程序填空

根据功能要求,对(0,999999]区间内的整数进行移位编码,先根据伪代码绘制流程图,然后补全程序中的空缺代码,使其能得到类似输入输出样例的运行结果。

功能要求:

(1) 主函数:从键盘接收(0,999999]区间内的一个无符号整数;调用移位编码函数并接收编码后的整数;打印编码后的整数。

(2) 移位编码函数:通过函数参数接收一个无符号整数,对该整数的各位数字按如下规则进行编码:0编码为1,1编码为2,…,8编码为9,9编码为0,如果最高位为9则保持其不变;将编码后的整数作为返回值。

算法设计:

主函数只有简单的输入输出和函数调用,不需要专门设计算法。

移位编码函数的关键在于如何逐个获取整数的每一位。假设该整数为num,有n位数字。最简单的方法是用num直接对10求余,从而得到个位上的数字,然后利用C语言整除运算的特性,用num除以10,得到去除原个位数字的新的整数,再循环执行以上步骤即可逐个获得该整数的每一位。为保证最高位是9时不编码,要在循环中加入相应的判断和处理。

描述该函数算法(功能逻辑)的伪代码示例如下("<−"表示赋值,下同):

```
01   BEGIN
02       num <− 实参传递的值
03       bitnum <− 0
04       newnum <− 0
05       i <− 0
06       WHILE(num!=0)
07       BEGIN
08           bitnum <− num%10
09           IF(num/10==0 AND bitnum==9)
10           BEGIN
11               newnum <− newnum+9*pow(10,i)
12               返回newnum的值或跳出循环
13           END
14           bitnum <− (bitnum+1)%10
15           newnum <− newnum+bitnum*pow(10,i)
16           i <− i+1
17           num <− num/10
18       END
19       返回newnum的值
20   END
```

程序代码:

```
01   #include 〈stdio.h〉
02   #include 〈math.h〉   //使用pow函数
03   unsigned int numEncode(unsigned num)
04   {
```

```
05        unsigned int bitnum=0,newnum=0,i=0;
06        while(num! =0){
07            _____;    //获得当前数的最低位数值
08            if(_____){   //当前数值为最高位并且数值为9
09                newnum+=9*pow(10,i);
10                _____;
11            }
12            _____;    //对获取的数值按规则编码
13            newnum+= bitnum*pow(10,i++);
14            num/=10;
15        }
16        _____;
17    }
18    int main()
19    {
20        unsigned int origin_num;
21        unsigned int new_num;
22        printf("输入一个正整数:");
23        scanf("%u",&origin_num);
24        new_num = numEncode(origin_num);
25        printf("%u 编码为:%u\n",origin_num,new_num);
26        return 0;
27    }
```

输入输出样例1:

```
01  输入一个正整数:123459
02  123459 的编码为:234560
```

输入输出样例2:

```
01  输入一个正整数:95525
02  95525 的编码为:96636
```

编程提示:

pow 函数的原型声明是:double pow (double x,double y);其用法是 pow(x,y)返回方幂 x^y 的值。

思考与选做:

(1) 由于 pow 函数处理的是浮点数,而本题处理的是整数,调用函数时会进行隐式类型转换,可能会产生误差,因此,更好的做法是自己编写一段代码或一个整数类型的函数替换该函数。

(2) 本题限定了数据范围在(0,999999]区间内,如果不限定取值范围,该程序可能会出现什么问题? 请举例说明并编程验证。

3.1.2 程序改错

根据功能要求，通过阅读和调试代码，找出其中的错误并修改正确。

功能要求：

（1）主函数：从键盘接收一个[1,9]区间内的整数digit，以及一个[1,6]区间内的整数level；调用累加函数后接收累加值；打印累加值。

（2）累加函数：通过函数参数接收digit和level，计算s＝a＋aa＋aaa＋…＋aa…a(level个a)，其中a即为digit，第i个累加项由i个数字a组成，最后一个累加项包含level个a，s为无符号整数；将s作为返回值。

算法设计：

本题的关键是构造a、aa、aaa等数项，可以使用循环的方式来处理。

描述该函数算法的伪代码示例如下：

```
01 │ BEGIN
02 │    sum <— 0
03 │    item <— digit
04 │    WHILE(level>0)
05 │    BEGIN
06 │        sum <— sum+item
07 │        item <— digit+10*item
08 │        level <— level−1
09 │    END
10 │    RETURN sum
11 │ END
```

程序代码：

```
01 │ #include <stdio.h>
02 │ unsigned sums(int , int);
03 │ {
04 │     unsigned sum, item = digit;
05 │     while (level——) {
06 │         sum+= item;
07 │         item = digit+10 * item;
08 │     }
09 │ }
10 │ int main()
11 │ {
```

```
12        int digit, level;
13        unsigned ssum;
14        printf("输入基数和项数:");
15        scanf("%d%d", digit, level);
16        ssum = sums(digit);
17        printf("计算结果:%u", ssum);
18        return 0;
19    }
```

输入输出样例1：

```
01  输入基数和项数:2 3
02  计算结果:246
```

输入输出样例2：

```
01  输入基数和项数:3 2
02  计算结果:36
```

思考与选做：

（1）以上程序没有判断输入的数字是否在指定的取值范围内，请完善程序代码。

（2）在 sums 函数体中用表达式 item＝digit＋10*item 来构造 aa…a 结构的数，如果不用中间变量 item，如何修改 while 循环体中的语句？

（3）尝试修改程序，使输出形式为 s＝2＋22＋222＝246。

（4）本题限定了输入数据的取值范围，如果不限定取值范围，该程序可能会出现什么问题？请举例说明并编程验证。

3.1.3 自主编程

1. 打印星堆

按如下功能要求，先画出打印星堆函数的流程图，再根据输入输出样例设计程序，打印指定字符的星堆。

功能要求：

（1）主函数：从键盘接收要打印的字符和层数；调用打印星堆函数；循环执行以上两步，直至输入字符为空格或层数为0时，结束程序的运行。

（2）打印星堆函数：通过函数参数接收要打印的字符和层数，按输入输出样例打印星堆（形如等腰三角形）。

输入输出样例：

```
01  输入一个字符和层数:* 2
02  用'*'打印的2层"星堆":
03    *
04  ***
```

编程提示:

(1)打印星堆函数原型可参考:void printstars(char star,int levels);/*star参数为打印的字符,levels为打印的层数(行数)*/

(2)根据样例,可以在打印星堆函数中使用两层循环来实现输出,外层循环控制行数,内层循环控制列数(实现每一行各列的输出)。对于每一行,可能需要先连续输出若干个空格符号,再连续输出若干个指定符号。由于两种符号的个数与行数控制变量有关,因此,可以分别使用一个循环来实现空格和特定字符的输出。

2. 求最大公约数与最小公倍数

按如下功能要求,先给出求解最大公约数与最小公倍数函数的伪代码,再根据输入输出样例设计程序,求出最大公约数与最小公倍数。

功能要求:

(1)主函数:从键盘接收两个正整数;调用求最大公约数与最小公倍数函数;循环执行以上两个步骤,直至其中一个输入数为负数或0时,结束程序的运行。

(2)求最大公约数与最小公倍数函数:通过函数参数接收两个整数;求这两个整数的最大公约数和最小公倍数并打印输出。

输入输出样例:

| 01 | 输入两个正整数:4 18 |
| 02 | 4与18的最大公约数和最小公倍数为:2 36 |

编程提示:

两个整数公有的倍数中最小的公倍数称为它们的最小公倍数,两个整数共有约数中最大的一个称为它们的最大公约数。求解最大公约数的方法有辗转相除法(又名欧几里德法)、相减法、穷举法等。最小公倍数与最大公约数有如下关系:最小公倍数=两整数的乘积÷最大公约数,所以一旦求解出了最大公约数,则可立即得到最小公倍数。用辗转相除法来求解两个正整数a和b的最大公约数的基本步骤是:

(1)a%b得余数c。

(2)若c=0,则b即为两数的最大公约数。

(3)若c≠0,则a=b、b=c,再回去执行(1)。

3. 分数化简

按如下功能要求和输入输出样例设计程序,实现分数化简功能。

功能要求:

(1)主函数:从键盘接收整数形式的分子和分母;调用分数化简函数;循环执行前面两步,直至分子或分母小于等于0时,结束程序的运行。

(2)分数化简函数:通过函数参数接收分子和分母;当分子大于分母时,提示输入无效,并退出程序运行;对能化简的分数,打印化简后的分数结果,不能化简的则提示该分数为最简分数。

输入输出样例:

01	输入两个整数"分子 分母":5 10
02	约分结果:5/10＝1/2
03	输入两个整数"分子 分母":1 5
04	提醒:1/5已是最简分数
05	输入两个整数"分子 分母":15 6
06	提醒:输入无效

4. 天数计算

按如下功能要求和输入输出样例设计程序,根据输入的年、月、日计算并打印这是当年的第几天。

功能要求:

(1)主函数:从键盘接收整数类型的年、月、日;调用计算函数并接收返回的天数;打印该天数;循环执行前面三个步骤,直至输入的年、月、日有一个小于等于0时,结束程序的运行。

(2)计算函数:通过函数参数接收年、月、日,计算是当年的第几天并作为函数的返回值,当输入的年、月、日有不符合常理的情况,则提示输入错误并退出程序执行。

输入输出样例:

01	输入阳历的年月日:2012 8 1
02	2012年8月1日是2012年的第214天
03	输入阳历的年月日:2023 18 21
04	输入错误!

编程提示:

(1)可以在函数中建立一个数组来存储平年的每个月的天数。

(2)当输入的年份为闰年时,2月对应的数组元素的值(即天数)加1。

(3)加上输入月份前面各月的所有天数,再加上输入日期,即可得到结果。

(4)注意判断非法(不合理)的输入,包括大于12的月份、日期超过当月天数上限等。

思考与选做:

(1)当输入的日期是带格式的字符串时,如:2022－10－01或2022/10/01,尝试重新设计程序。

(2)若给出该年1月1日是星期几,尝试打印该年的年历。

5. 求复数积

按如下功能要求和输入输出样例设计程序,求解两个复数的积。

功能要求:

(1) 主函数:从键盘分别输入两个复数的实数部分和虚数部分;调用求复数积函数并接收返回的复数积;按输入输出样例的格式输出复数积;循环执行以上三个步骤,直至输入的某个复数的实数部分和虚数部分全都为0时,结束程序的运行。

(2) 求复数积函数:通过函数参数接收两个复数;计算复数积后将其作为返回值。

输入输出样例:

```
01  输入第一个复数的实部和虚部:2 3
02  输入第二个复数的实部和虚部:1 1
03  两个复数的乘积为:-1.0+5.0i
```

编程提示:

(1) 复数的结构体类型可参考:

```
struct complex{
    double real;    //复数的实部
    double imag;    //复数的虚部
};
```

(2) 求复数积函数的声明可参考:

```
struct complex complexMul(struct comple z1, struct comple z2);
```

(3) 判断浮点数是否为0时,不能使用"=="运算符。

(4) 设 $z1=a+bi, z2=c+di(a,b,c,d \in R)$ 是任意两个复数,其中 i 为虚数单位,则它们的积为 $(a+bi)(c+di)=(ac-bd)+(bc+ad)i$。

3.2 函 数 进 阶

本节主要练习值传递机制(特别是以数组和字符串为代表的地址值传递)、变量作用域及存储类型、递归、文件操作等的应用。

知识要点:

(1) 数组名和字符串(字符串的数据类型是字符数组)都代表一个地址值。

(2) 函数参数为地址值时,无论实参名和形参名是否相同,两者代表的都是同一个地址空间,因此修改形参地址中的内容等同于修改实参地址中的内容。

(3) 全局变量和静态变量都在程序运行之初就分配存储空间,并在程序运行结束时释放空间,非静态的局部变量(包括函数形参)只有所在函数被调用时才分配空间,结束调用后就会释放空间。

（4）变量的作用域情况比较复杂，参见配套教材。

（5）所有的递归都可以改写成循环，但有些问题只有用递归才能写出简洁的代码。

（6）文件只有打开后才能进行操作，操作结束后应该关闭文件。

3.2.1 程序填空

1. 找最大值

本题是对一维数组的简单操作，按功能要求与输入输出样例补全以下程序的代码。

功能要求：

（1）主函数：从键盘接收一组单精度浮点数并存放在一个一维数组中；调用找最大值函数并接收返回的最大值；输出最大值。

（2）找最大值函数：通过函数参数接收一个单精度浮点型一维数组；找出该数组中最大的元素值；将该值作为函数的返回值。

部分程序代码：

```
01  #include 〈stdio.h〉
02  #define ELE_NUM 10
03  float findMaxEle(float [ ],int);   //找最大值函数的声明
04  int main( )
05  {
06      int i;
07      float ele[ELE_NUM],maxEle=0.0;
08      for(i=0;i<ELE_NUM;i++) {
09          scanf("%f",&ele[i]);
10      }
11      maxEle=_____;   //调用函数
12      printf("%f\n",maxEle);
13      return 0;
14  }
15  /* 请补充完成函数 findMaxEle 的定义
16
17  */
```

输入输出样例：

```
01  输入10个浮点数：0 1.0 2.0 2.3 2.7 3 3.3 3.7 4 4.3
02  10个浮点数中最大的为:4.300000
```

编程提示:

(1)将一维数组作为函数的参数时,通常需要同时传递数组地址和数组长度。

(2)数组作为函数参数时本质上是一个指针,下一章将会学习相关的概念。

(3)形参的数组类型和实参的数组类型必须相同,而两者的数组名可以不同,但代表的都是同一块内存空间的数组。

(4)寻找最大值时,要给最大值变量赋初值,常见的做法是把数组的第一个元素作为初值,而不是赋为0,以避免潜在的算法错误。

2.矩阵转置

本题是对二维数组的简单操作,按功能要求与输入输出样例补全以下程序的代码。

功能要求:

(1)主函数:调用设置矩阵元素函数;调用矩阵转置函数;调用输出矩阵函数。

(2)设置矩阵元素函数:通过函数参数接收一个整型二维数组;从键盘接收一个二维矩阵的元素值并存放在该二维数组中。

(3)矩阵转置函数:通过函数参数接收一个整型二维数组;将该数组视为一个二维矩阵,执行矩阵的转置操作。

(4)输出矩阵函数:通过函数参数接收一个整型二维数组,输出该数组的元素值。

程序代码:

```
01      #include <stdio.h>
02      #define ELE_NUM 3
03      void setMatrix(int arr[ ][ELE_NUM]);
04      _____;    //矩阵转置函数声明
05      void printMatrix(int arr[ ][ELE_NUM]);
06      int main( )
07      {
08          int arr[ELE_NUM][ELE_NUM];
09          printf("输入矩阵元素:\n");
10          _____;   //设置矩阵元素
11          _____;   //矩阵转置
12          printf("转置后的矩阵:\n");
13          _____;   //输出矩阵
14          return 0;
15      }
16      void setMatrix(int arr[ ][ELE_NUM])
17      {
```

```
18        int i,j;
19        for (i=0; i < ELE_NUM; i++) {
20            for (j = 0; j < ELE_NUM; j++) {
21                scanf("%d",&arr[i][j]);
22            }
23        }
24    }
25    void matrixTranspose(int arr[ ][ELE_NUM])
26    {
27        int i, j, temp;
28        //补全矩阵转置处理代码
29    }
30    void printMatrix(int arr[ ][ELE_NUM])
31    {
32        int i,j;
33        for (i=0; i < ELE_NUM; i++) {
34            for (j = 0; j < ELE_NUM; j++) {
35                printf("%d\t",arr[i][j]);
36            }
37            printf("\n");
38        }
39    }
```

输入输出样例：

```
01  输入矩阵元素：
02  1 2 3
03  4 5 6
04  7 8 9
05  转置后的矩阵：
06  1 4 7
07  2 5 8
08  3 6 9
```

编程提示：

（1）二维数组作为函数的形参时，一般采用 int arr[ ][ELE_NUM] 的写法，也就是仅给出二维数组的列数，有时也能见到 int arr[ELE_NUM][ELE_NUM] 的写法，虽然语法上不禁止这种写法，但是其中的行数并没有实际意义。

（2）调用函数时，只需要使用二维数组的数组名arr作为实参，将二维数组的地址传入函数即可，其他写法都是错误的。

（3）二维数组作为函数参数时本质上是一个形式更为复杂的指针，在"指针"一节（见本书4.1节）中将会介绍其用法。通常情况下建议使用带[]的表示形式，这样程序更加易读。

思考与选做：

（1）上述函数的形参均采用了int arr[][ELE_NUM]的形式，即指定了数组arr的第二维为ELE_NUM。尝试数组形参第二维不指定数值，编译时会提示什么错误？

（2）如果形参arr的第二维不是ELE_NUM，而是其他正整数，编译时又会提示什么？如果调用函数时数组实参写成arr[0]，编译时会有什么问题？

（3）尝试实现一个非方阵矩阵的转置。

3. 单词统计

本题统计从键盘输入的英文单词数量并输出，按功能要求与输入输出样例补全以下程序的代码。

功能要求：

（1）主函数：从键盘循环接收字符，当遇到"#"字符时结束循环，否则按如下规则统计单词的数量：

① 单词仅由连续的英文字母构成；

② 单词间以空格、标点符号、回车等非英文字母的字符分隔；

③ 使用状态机，调用判断字母函数进行单词划分。

（2）判断字母函数：通过函数参数接收一个字符，判断其是否英文字母，是则返回1，否则返回0。

问题分析：

有限状态机FSM(Finite-state Machine)，又称有限状态自动机，简称状态机，是表示有限个状态以及在这些状态之间的转移和动作等行为的数学模型。状态机能够同时从外部接收信号和信息输入，在接收到外部输入的信号后，会综合考虑当前的状态和用户输入的信息，然后做出动作，通常是根据事先制定好的规则（例如状态转换表或状态转换图）跳转到另一个状态。

本题可构造两个状态机，每个状态机都只有两个状态：0和1。一个状态机用于表示输入开始与结束，另一个状态机用于表示单词的开始和结束，两者的组合总共包含4种状态：00、10、11、01，对应的含义是：

00—输入未开始、单词未开始；

10—输入开始、单词未开始，输入开始将使单词状态转换为1；

11—输入未结束、单词未结束；

01—输入结束、单词未结束，输入结束将使单词状态转换为0。

表3.1列出了输入"I love China!"时的状态转换(表中⎵表示输入空格)。

表3.1　状态转换与单词计数

		I	⎵	l	o	v	e	⎵	…
键盘输入(input)	0	0→1	1→0	0→1	1	1	1	1→0	…
单词构造(state)	0	0→1	1→0	0→1	1	1	1	1→0	…
单词计数(words)	0		1		2					

程序代码:

```
01  #include ⟨stdio.h⟩
02  int isAlpha(char c)
03  int main( )
04  {
05      int input=0, state=0, words=0;/*input 为输入状态, state 为单词状态,
    words统计单词个数*/
06      char ch;
07      printf("输入若干行字符序列,以'#'结束:");
08      while((ch=getchar())! ='#') {
09          //补全代码
10      }
11      printf("输入的文本中包含 %d个 单词\n", words);
12      return 0;
13  }
14  int isAlpha(char c)
15  {
16      //补全代码
17  }
```

输入输出样例:

```
01  输入若干行字符序列,以'#'结束:
02  I love China!
03  I love USTC! #
04  输入的文本中包含6个单词
```

编程提示:

(1)由功能要求可知,在输入字符'#'之前程序应保持运行,可使用循环结构;而在运行过程中,需要更新相关状态和单词统计,可使用选择结构。

(2)本题练习状态机算法设计。对于循环中的判断条件,可使用流程图或添加适当

的注释,以梳理其中的逻辑,有助于理解状态机的概念。

(3)函数isAlpha通过判断输入的字符是否英文字母来构造单词的输入状态(0或1)。在主函数main中定义初始输入状态及初始单词状态均为0,然后从键盘循环输入字符,调用isAlpha函数来构造输入状态,并根据输入状态(input)和单词状态(state)这两种状态的组合及时更新单词状态以及单词数量统计(words)。

(4)函数isAlpha的调用构成了一个函数表达式,其返回值进一步参与了关系运算和赋值运算。

(5)注意数据类型:将函数isAlpha的整型返回值赋值给字符变量时,会先进行隐式类型转换,然后才会与字符数据进行比较。

思考与选做:

(1)头文件ctype.h中声明了一个isalpha函数,其功能与本程序中的isAlpha函数类似,请尝试在本程序中使用isalpha函数替代isAlpha函数。

(2)将主函数main中的循环处理部分写成函数。

4. 几何图形操作

本题基于平面坐标系实现对几何图形的平移、缩放与旋转等操作,主要练习结构体变量、结构体数组的定义和使用。请根据功能要求与输入输出样例补全程序中空缺的代码。

功能要求:

(1)仅处理由平面坐标系上若干个点(大于等于2个)构成的线段或多边形。

(2)主函数:先输入顶点的坐标,然后选择平移、缩放或旋转操作,再根据选项输入相关的参数,并调用相应的功能函数,最后输出操作后的顶点坐标。

(3)平移函数:通过函数参数传入顶点坐标值以及水平和垂直方向的平移量,按该平移量计算整个图形平移后所有顶点的新坐标值。

(4)缩放函数:通过函数参数传入顶点坐标值以及水平和垂直方向的缩放比例,按该比例计算整个图形缩放后所有顶点的新坐标值。

(5)旋转函数:通过函数参数传入顶点坐标值以及旋转角度,按该角度计算整个图形旋转后所有顶点的新坐标值。

程序代码:

```
01   /*程序功能:实现平面坐标系中平面图形的坐标变换*/
02
03   #include〈stdio.h〉
04   #include〈math.h〉
05   #include〈string.h〉
06   #define PI 3.141592654
07   struct point
```

```
08  {
09      double x;   // 点的横坐标
10      double y;   // 点的纵坐标
11  };
12  void translation(struct point pt[ ], double tl_x, double tl_y, int num)
13  {
14      _____  //循环处理所有点
15      {
16          _____;   //横坐标的平移
17          _____;   //纵坐标的平衡
18      }
19  }
20  void scale(struct point pt[ ], double s_x, double s_y, int num)
21  {
22      for (int i = 0; i < num; i++) {
23          _____;   //水平x的缩放
24          _____;   //垂直y的缩放
25      }
26  }
27  void rotation(struct point pt[ ], double angle, int num)
28  {
29      double a[2][2];
30      struct point temp;
31      angle = angle*PI/180;
32      a[0][0] = cos(angle);
33      a[0][1] = −sin(angle);
34      a[1][0] = sin(angle);
35      a[1][1] = cos(angle);
36      for (int i = 0; i < num; i++) {
37          temp.x = pt[i].x;
38          temp.y = pt[i].y;
39          pt[i].x = temp.x * a[0][0]+a[0][1] * temp.y;
40          pt[i].y = temp.x * a[1][0]+a[1][1] * temp.y;
41      }
42  }
```

```
43    int main( )
44    {
45        int i = 0, num=0;
46        char mode, action[10];
47        double angle, tl_x, tl_y, s_x, s_y;
48        struct point pt[10];
49        do {
50            printf("输入坐标个数(>=2):");
51            scanf("%d", &num);
52        } while (num < 2);
53        for (i = 0; i < num;i++) {
54            printf("输入【第%d个】点的横x、纵y坐标:\n",i+1);
55            scanf("%lf%lf", &pt[i].x, &pt[i].y);
56        }
57        do {
58            getchar( );
59            printf("选择处理方式:平移(t)、缩放(s)、旋转(r):");
60            _____;   //从键盘获取选择项
61        } while (mode ! = 't' && mode ! = 's' && mode ! = 'r');
62        switch (mode) {
63            case 't':
64                printf("输入水平及垂直的平移量:");
65                scanf("%lf%lf", &tl_x, &tl_y);
66                _____;   //调用平移函数
67                strcpy(action, "平移");
68                break;
69            case 's':
70                printf("输入水平及垂直的缩放比例:");
71                scanf("%lf%lf", &s_x, &s_y);
72                _____;   //调用缩放函数
73                strcpy(action, "旋转");
74                break;
75            case 'r':
76                printf("输入旋转角度:");
77                scanf("%lf", &angle);
```

```
78  |                    rotation(pt, angle, num);
79  |                    strcpy(action, "旋转");
80  |                    break;
81  |          }
82  |          printf("经过【%s】处理后,坐标值如下:\n", action);
83  |          _____  //循环打印处理后的坐标值
84  |          _____;    //输出坐标值
85  |          return 0;
86  |  }
```

输入输出样例:

```
01  输入坐标个数(>=2):3
02  输入【第1个】点的横x.纵y坐标:
03  1 1
04  输入【第2个】点的横x.纵y坐标:
05  2 2
06  输入【第3个】点的横x.纵y坐标:
07  3 3
08  选择处理方式:平移(t),缩放(s),旋转(r):t
09  输入水平及垂直的平移量:2 3
10  经过【平移】处理后,坐标值如下:
11  横坐标为3.000000      ,纵坐标为4.000000
12  横坐标为4.000000      ,纵坐标为5.000000
13  横坐标为5.000000      ,纵坐标为6.000000
```

编程提示:

根据功能要求,本题属于对矢量图(Vector graphics)的操作。矢量图简单来说就是用几何图形描述一幅图,即将图中的内容分解成可以用简单的几何图形描述的对象,如线段(用两个顶点的坐标描述)、圆形(用圆心坐标和半径描述)、四边形(用四个顶点坐标描述)等,适用于图像组成简单、需要精密数据的工业设计、产品设计等领域,其图形在进行任意旋转、缩放等操作之后不会失真。与矢量图对应的是位图(Bitmap),即保存图中每个像素点的信息,常用于图形图像更为复杂的摄影、印刷、网站图像、数字艺术品等领域。位图的特点是可以表现色彩的变化和颜色的细微过渡,产生逼真的效果,缺点是在保存时需要记录每一个像素的位置和颜色值,占用较大的存储空间。

对于本题来说,仅需要处理线段和多边形,此时只需要用一个适当大小的数组来记录所有顶点的坐标即可。

用结构体类型存储点的坐标,既方便操作又易于理解,其定义如下所示:

```
struct point{
    double x;    //点的横坐标
    double y;    //点的纵坐标
};
```

本程序定义三个函数transform、rotation、scale,分别实现几何图形的平移、缩放、旋转操作。设函数原型为:

- void translation(struct point pt[ ], double tl_x, double tl_y, int num);
- void scale(struct point pt[ ], double s_x, double s_y, int num);
- void rotation(struct point pt[ ], double angle, int num);

其中,pt是结构体数组,表示点的坐标;tl_x、tl_y表示点的横、纵坐标移动的相对位移;s_x、s_y表示缩放的比例;angle表示旋转的角度;num表示点的个数。

思考与选做:

(1)通过分别屏蔽和启用程序中的getchar( )函数调用语句,观察运行结果,了解该语句的作用。思考还有没有其他方法可以起到相同的作用。

(2)C语言中字符串复制、比较等操作不能直接使用赋值和关系运算符,而必须调用相关的函数,或者自行编写函数来实现。

3.2.2　自主编程

1.矩阵相乘

按如下功能要求,先画出矩阵乘法函数的流程图,再根据输入输出样例设计程序,求解两个矩阵的乘积。

功能要求:

(1)主函数:从键盘分别输入两个矩阵的行数、列数以及元素值,并将元素值存入两个二维数组中;调用矩阵乘法函数。

(2)矩阵乘法函数:通过函数参数接收两个二维数组;计算两个二维数组所代表的矩阵的乘积;输出乘积矩阵。

输入输出样例:

01	输入两个矩阵的行列数:2 1 1 2
02	第一个矩阵请输入2*1个整数:
03	3
04	4
05	第二个矩阵请输入1*2个整数:
06	2
07	5

08	两个矩阵相乘的结果是：	
09	6	15
10	8	20

编程提示：

矩阵相乘的概念与计算方法可参考配套教材的 3.4.2 节。

矩阵 A 的列数与矩阵 B 的行数相同时（设为 n），两个矩阵可以相乘，写成 $A \times B = C$，C 是结果矩阵，其行数与 A 相同，列数与 B 相同。矩阵 C 第 i 行第 j 列元素 $c(i,j)$ 的值的计算规则是：矩阵 A 的第 i 行的第 k 个元素乘以矩阵 B 的第 k 行第 j 列的元素（k 从 0 到 $n-1$），再把所有乘积相加，如公式（3.1）所示。

$$c(i,j) = \sum_{k=0}^{n-1} a_{ik} \times b_{kj} \tag{3.1}$$

矩阵相乘的例子如下所示：

$$\begin{bmatrix} 5 & 8 & 3 \\ 11 & 0 & 5 \end{bmatrix} \times \begin{bmatrix} 1 & 18 \\ 2 & 11 \\ 10 & 3 \end{bmatrix} = \begin{bmatrix} 51 & 187 \\ 61 & 213 \end{bmatrix}$$

结果矩阵中第 0 行第 0 列元素的计算式是 5*1+8*2+3*10=51。

2. 浮点数拆分

按如下功能要求，先画出浮点数拆分函数的流程图，再根据输入输出样例设计程序，最后将一个浮点数拆分成整数与小数两个部分。

功能要求：

（1）主函数：从键盘接收（−10000,10000）区间内的浮点数，小数部分不超过 6 位；调用浮点数拆分函数。

（2）浮点数拆分函数：通过函数参数接收待拆分的浮点数，将其拆分为以字符串形式表示的整数部分和小数部分，并分别存入字符数组中，这两个字符数组也作为函数的参数；分别调用字符数组转整数函数和字符数组转浮点数函数输出整数和小数部分。

（3）字符数组转整数函数：通过函数参数接收存储整数的字符数组，输出整数部分。

（4）字符数组转浮点数函数：通过函数参数接收存储小数的字符数组，输出小数部分。

输入输出样例：

01	输入一个浮点数（−10000~10000）：35.25
02	整数部分为：35
03	小数部分为：0.25

编程提示：

本题练习算法设计与字符串操作，函数声明可参考如下的形式：

- void splitFloat(float fnum, char intPart[ ], char floatPart[ ]); //拆浮点数
- void char2int(char intPart[ ]); //字符数组转整数
- void char2float(char floatPart[ ]); //字符数组转浮点数

3. 删除字符

按如下功能要求，先给出删除字符函数的伪代码，再根据输入输出样例设计程序，删除字符串中的指定字符。

功能要求：

（1）主函数：调用获取字符串函数；从键盘接收要从字符串中删除的字符；调用删除字符函数；输出完成删除的字符串；循环以上步骤，直至获取的字符串长度为0时，结束程序的运行。

（2）获取字符串函数：通过函数参数传入存储字符串的字符数组地址，从键盘接收长度不超过1000的字符串并存入该字符数组中，本函数中只允许调用getchar函数，不允许调用scanf、gets等函数。

（3）删除字符函数：通过函数参数传入待处理的字符串和待删除的字符；删除该字符串中所有的待删除字符。

输入输出样例：

01	输入一个字符串：abcdefg
02	输入要删除的字符：b
03	删除字符b后的字符串为：acdefg
04	输入一个字符串：zxczvbnm
05	输入要删除的字符：z
06	删除字符z后的字符串为：xcvbnm
07	输入一个字符串：

编程提示：

（1）本题练习算法设计与字符串操作，函数声明可参考如下形式：

- void getString(char [ ]); //输入一个字符串
- void deleteCharInString(char [ ], char); //从字符串中删除字符

（2）在输入待删除字符之前，注意要清空先前输入字符串后的键盘缓存。

4. 字符串复制

按如下功能要求，先画出主函数的流程图，再根据输入输出样例设计程序，实现字符串的复制。

功能要求：

（1）主函数：调用获取字符串函数；输入想要复制的方式（全复制或指定位置指定长

度的复制),输入开始复制的位置和待复制的字符长度(若输入0和−1表示从头到尾的全复制);调用字符串复制函数;输出复制后的字符串;循环以上步骤,直至获取的字符串长度为0时,结束程序的运行。

(2)获取字符串函数:通过函数参数传入存储字符串的字符数组地址,从键盘接收长度不超过1000的字符串并存入该字符数组中,本函数中只允许调用getchar函数,不允许调用scanf、gets等函数。

(3)字符串复制函数:通过函数参数传入目标字符数组地址和源字符数组地址,从指定的位置开始,按指定的长度将源字符串复制到目标地址中。

输入输出样例:

01	输入长度不超过1000的原始字符串:abcdefghijklmn
02	输入想要复制的方式,输入开始复制的位置和待复制的字符长度(若输入0和−1表示从头到尾的全复制):0 −1
03	复制后的字符串:abcdefghijklmn
04	
05	输入长度不超过1000的原始字符串:abcdefghijklmn
06	输入想要复制的方式,输入开始复制的位置和待复制的字符长度(若输入0和−1表示从头到尾的全复制):1 6
07	复制后的字符串:bcdefg

编程提示:

本题练习算法设计与字符串操作,函数声明可参考如下形式:

- void getString(char [ ]);
- void strCopy(char t[ ],char s[ ],int pos,int len);

其中,t表示目标字符数组,s表示源字符数组;位置pos和长度len的值可以通过输入指定,在设计中应考虑pos、len值的有效性并做适当处理。

5. 括号匹配

按如下功能要求,先画出括号匹配判断函数的流程图,再根据输入输出样例设计程序,判断其中的英文括号是否匹配。

功能要求:

(1)主函数:从键盘接收一串只包含英文圆括号的字符串;调用括号匹配判断函数;输出匹配的结果。

(2)括号匹配判断函数:通过函数参数接收字符串;判断字符串中的每个左圆括号是否都与一个右圆括号匹配,且匹配的左圆括号总是在右圆括号的左边;若全部都有匹配返回1,否则返回0。

输入输出样例:

```
01  输入一串字符:()()(()()
02  字符串中的圆括号 不匹配
03  输入一串字符:((()()))
04  字符串中的圆括号 匹配
05  输入一串字符:)(
06  字符串中的圆括号 不匹配
```

编程提示:

(1)注意中、英文中的括号是不同的,本题约定输入的均为英文括号。

(2)可以设立一个初始值为0的flag变量,读取一个左括号则flag加1,读取一个右括号则flag减1,同时进行相关的判断。比如,当最后flag为0时,表示左右括号数相等。

6.求最大元素的立方根

按如下功能要求,先给出求解立方根函数的伪代码,再根据输入输出样例设计程序,找出最大元素后计算其立方根。

功能要求:

(1)主函数:从键盘接收一批双精度浮点型数据到数组中;调用找最大值函数;调用求立方根函数;输出最大值及其立方根的整数部分。

(2)找最大值函数:通过函数参数接收一个双精度浮点型数组;在该数组中查找并返回最大值元素。

(3)求立方根函数:通过函数参数接收一个双精度浮点数;自行编写算法求解该数的立方根并返回其整数部分,禁止调用库函数。

输入输出样例:

```
01  输入数组大小:3
02  输入3个浮点数到数组中:123 234 345
03  数组中的最大元素:345.000000
04  345.000000的立方根的整数部分为7
```

编程提示:

可以采用二分法或牛顿迭代法求立方根,并与调用pow库函数得到的结果进行比较。

7.变量的属性

按如下功能要求设计程序,理解并掌握变量的作用域与生存期两种属性。

功能要求：

(1) 程序中至少包含 3 个子函数。

(2) 程序中必须用到全局变量、静态局部变量、复合语句中的局部变量。

(3) 应通过带提示的输出展示不同类型变量的作用域和生存期。

(4) 程序中应包含充分的注释以便于阅读。

8. 随机数冒泡排序

按如下功能要求和输入输出样例设计程序，产生随机浮点数并用冒泡法进行排序。

功能要求：

(1) 主函数：从键盘接收拟产生的随机数个数 num；调用自定义的生成随机数组函数；调用冒泡法排序函数；输出排序后的随机数。

(2) 生成随机数组函数：通过函数参数接收 num 以及用于存储随机数的双精度浮点型数组；用当前时间做种子，调用随机数发生器函数 rand 产生随机数，构造算式，生成 num 个 (0,1) 区间内的双精度浮点数并存储到传入的数组中。

(3) 冒泡法排序函数：通过函数参数接收存储随机数的数组；用冒泡法对数组的元素进行升序排序，结果仍存储在原数组中。

输入输出样例：

```
01  输入随机数的个数
02  5
03  升序排序后的结果：
04  0.127532  0.345678  0.411192  0.532038  0.757071  0.897025
```

编程提示：

本题使用的随机数相关的库函数、冒泡法排序算法的代码可参考配套教材 4.4.2 节"排序与查找"。

9. 随机数插入排序与二分查找

按如下功能要求和输入输出样例设计程序，实现随机数插入排序算法和数据的二分查找算法。

功能要求：

(1) 主函数：定义一个一维整型数组 a；从键盘输入拟产生的随机数个数 num；用当前时间做种子，循环 num 次，每次产生一个 [0,100] 区间内的随机数 x，并调用数组插入排序函数（数组 a 作为函数调用的实参）；循环结束后输出该数组；新建一个循环，输入要查找的数据，调用二分查找函数在该数组中查找数据并打印查找结果，直至输入的数据小于 0 时，结束循环。

(2) 数组插入排序函数：通过函数参数接收随机数 x 和数组 a；按插入排序法将 x 插

入到数组 a 中。

（3）二分查找函数：通过函数参数接收待查找的数据和数组 a；用二分法查找数据，找到时返回该数据在数组中的下标，否则返回 -1。

输入输出样例：

```
01  产生的随机数组：
02     1     2    10    11    12
03    12    22    32    34    36
04    44    48    56    57    60
05    62    63    70    85    90
06  输入要查找的数据：90
07  该数据的位置：19
08  输入要查找的数据：33
09  数组中没有该数据
10  输入你要找的数据：—20
11  输入错误！
```

编程提示：

随机数中可能存在重复的数据，用二分查找只能保证找出其中的一个。

10. 基于文件的数据操作

按如下功能要求和输入输出样例设计程序，产生指定区间内的随机整数并存入文件中，再从文件中读取数据并进行插入排序，最后查找数据。

功能要求：

（1）主函数：定义一个整型数组；调用生成数据函数；调用数据排序函数；调用二分查找函数。

（2）生成数据函数：从键盘接收拟生成的数据个数 num、数据取值区间的下界 n 和上界 m；调用 srand 和 rand 等库函数产生 num 个 (n,m) 区间内的随机整数并存储到自己指定的文本文件中。

（3）插入排序函数：通过函数参数方式传入主函数中定义的整型数组；从自己指定的文本文件中读取整数，每读一个就将其按降序插入到数组中，直至文件结束。

（4）二分查找函数：通过函数参数方式传入排好序的整型数组；从键盘接收一个待查找的整数，使用二分法查找该数据；打印查找结果；循环执行输入数据、二分查找和打印过程，直至输入的待查找数据在取值区间以外时，提示错误并结束整个程序的运行。

输入输出样例：

```
01  输入随机数的个数、取值区间的下界和上界
02  6 —20 1000
```

03	降序排序后的结果：
04	923　897　555　320　111　75
05	请输入要查找的数据：555
06	555 是第 4 个数据
07	请输入要查找的数据：1024
08	1024 超出取值区间！

编程提示：

(1) 生成数据函数既不需要返回值，也不需要使用数组进行操作，而是将产生的数据直接存入指定的文件即可。

(2) 文件名可以用宏定义指定，以保证多处使用时的一致性，且便于修改，如：

#define FILENAME "d:\\myprog\\data.txt"

(3) 插入排序函数从文件中读取数据，每读一个就插入到给定的数组中。由于使用的是文本文件，当读出的数据是 EOF 时，表明读到了文件尾。

(4) 当需要在非 main 函数中结束程序的运行时，常用的方法是调用 exit 函数（应包含头文件 stdlib.h），示例：exit(-1)，在结束程序运行时向操作系统返回 -1 值。

11. 递归法输出整数的各位数字

按如下功能要求和输入输出样例编写递归程序，将整数拆分为单个数字后输出。

功能要求：

(1) 主函数：从键盘接收一个整数；调用递归函数；循环以上两个步骤，直至输入的整数为 0 时，结束程序的运行。

(2) 递归函数：通过函数参数接收一个整数，拆分整数的每一位数字，并从高位到低位逐行输出到屏幕上。

输入输出样例：

01	输入一个整数：267
02	输出：2
03	输出：6
04	输出：7
05	输入一个整数：-267
06	输出：-
07	输出：2
08	输出：6
09	输出：7
10	输入一个整数：0

编程提示：

（1）应考虑输入为负数的情况，如果输入为负数，就先输出负号，再处理正数部分。

（2）递归调用中应充分运用整除和取余这两种运算，下一次递归的实参为当前实参对10整除的结果，递归结束条件应是此时函数的实参为个位数。

（3）因为需要从高位到低位打印，而递归调用结束时实参恰好为最高位，因此在每次递归调用的下一步打印当前的实参对10取余的结果即可。

3.3　综　合　练　习

3.3.1　计算思维实训(2)

本节针对不同的计算对象与方法进行训练，引导读者了解算法思想的产生过程。其中的"思考与选做"问题可能涉及较为深入的计算机科学领域知识，有较好计算机基础且感兴趣的读者可以尝试解决问题。

1. 区间的计算：求方程的根

功能要求：

（1）用牛顿迭代法（$x_{n+1}=x_n-f(x_n)/f'(x_n)$）求解方程$3x^3-3x^2+x-6=0$在1.5（即$x_0$的值）附近的根，要求精确到小数点后6位。从键盘输入x_0的值，然后打印方程的近似解与迭代的次数。

（2）用二分法求解方程在$[-3,3]$内的根，精度高于10^{-6}。从键盘输入二分法求解的范围，然后打印方程的近似解与迭代的次数。

输入输出样例：

```
01  输入牛顿迭代法的近似解：1.5
02  牛顿法求解的结果：x=1.585429,迭代次数为4
03  输入二分法解的范围：－3 3
04  二分法求解的结果：x=1.585429,迭代次数为23
```

编程提示：

（1）用牛顿法求方程$3x^3-3x^2+x-6=0$的根，令$f(x)=3x^3-3x^2+x-6$，有$f'(x)=9x^2-6x+1$。迭代公式为$x_{n+1}=x_n-f(x_n)/f'(x_n)$，从输入的$x_0=1.5$开始迭代。迭代公式中的$x_n$为迭代的前值（旧值），$x_{n+1}$为迭代的后值（新值）；在程序设计时，$x_n$和$x_{n+1}$均用$x$表示，赋值号右边的$x$表示$x_n$，赋值号左边的$x$表示$x_{n+1}$。

（2）用二分法求方程$3x^3-3x^2+x-6=0$的根，令$f(x)=3x^3-3x^2+x-6$。先要找出一个区间$[a,b]$（题目中已给定$[-3,3]$），使得$f(a)$与$f(b)$异号；再求该区间的中点$m=(a+b)/2$，并计算$f(m)$的值；若$f(m)$与$f(a)$正负号相同，则取$[m,b]$为新的区间，否则取

$[a,m]$；然后重复以上步骤，直到得到理想的精确度为止。

2.概率的计算：百囚徒挑战

问题描述：

理想国有100名囚徒，国王决定给他们一次特赦的机会，但条件是必须通过一项挑战，挑战的规则如下：

（1）所有囚徒从1～100进行编号。

（2）将编号1～100的100个号码牌随机放在100个盒子中。

（3）每名囚徒可以打开最多50个盒子，如果找到对应自己编号的号码牌，则该囚徒挑战成功，否则挑战失败。

（4）所有囚徒全部挑战成功，整个挑战才算成功；任意一名囚徒挑战失败，则该项挑战失败。

（5）囚徒们在挑战前可以商定策略，挑战开始后则不再允许交流。

请帮助囚徒们设计一个成功概率较高的挑战策略并通过编程验证。

实训要求：

在了解其中的数学原理以及计算复杂度的基础上，编程验证你所提出的百囚徒挑战策略的成功概率。为便于思考与论证，可以先将其简化成10名囚徒挑战问题。

思考与选做：

通过网络寻找其他有趣的反直觉问题，尝试用C语言编程求解。

3.字符的计算：行程编码

使用计算机进行计算需要花费时间、占用存储空间，基于网络的计算还需要消耗网络带宽，这些都属于计算资源。显然，使用的资源越多对计算越有利，但计算成本也会相应增加，寻找性价比高的算法是具有重要应用价值的研究方向。为了完成这一任务，通常需要研究者拥有深厚的数理基础和丰富的实践经验。不过，有些时候，一个巧妙的算法往往来自于其他领域的启发，漫无边际的发散思维、触类旁通的联想能力在其中发挥了重要的作用。而这些思维与能力的获得则需要广博的知识以及对学习的兴趣。好奇心，是人类社会发展的重要推动力。保持好奇心，是一个学习者应有的态度。

任何信息在计算机中都要表示成数据，对数据进行压缩编码，其作用是通过增加额外的数据处理时间来减少数据存储量以及传输时间，在当今的网络时代具有重要意义。

问题描述：

行程编码（Run-Length Encoding，RLE）是一种统计编码，适用于经常出现具有相同值的连续符号时的数据压缩，假设以行为单位进行处理（每行最多255个字符，以'\0'结尾，且不含数字字符），每行的编码规则如下：

（1）对2～9个连续出现的相同字符，用一个计数值和该字符来代替。例如aaa******dd表示为3a6*2d。

（2）超过9个相同字符时,每次截取9个进行编码,例如????????????(12个)表示为9?3?。

（3）出现单独字符时,以1开头,到出现第一个连续相同字符之前,以1结尾。例如aaa!＄＄表示为3a1!12＄,aaa!@#＄＄表示为3a1!@#12＄。

实训要求:

（1）主函数:循环从键盘接收不超过255个字符、以'\0'结尾且不含数字字符的字符串,调用行程编码函数对其中的字符进行编码,将编码后的数据写入文件中,当输入空行(仅输入回车)时结束循环。

（2）行程编码函数:通过函数参数接收输入的字符数组(字符串);对其中的字符按上述编码规则进行编码。

编程提示:

行程编码函数的原型建议为

void RLEcoding(char s[ ], char t[ ]);

其中,s为输入数据行,t为编码后的数据行。

4.递归的计算:进制转换

问题描述:

递归是很多高效算法的思想基础。全排列问题和进制转换问题都可以用递归方式求解。

实训要求:

针对规模较小的进制转换问题,设计并实现递归求解程序。

（1）主函数:从键盘接收任意一个十进制正整数,和待转换的进制(二进制、八进制、十六进制,以2、8或16表示);调用递归函数;循环执行前面两个步骤,直至输入为0或负数时结束程序的运行。

（2）递归函数:通过函数参数接收待转换的十进制正整数与待转换的进制;通过递归算法实现进制转换过程,并输出转换后的结果。

输入输出样例

```
01  输入一个十进制正整数:111
02  输入待转换进制:2
03  输出:1101111
04  输入一个十进制正整数:111
05  输入待转换进制:16
06  输出:6F
07  输入一个十进制正整数:0
08  输入错误!
```

编程提示：

本题练习递归函数设计、算法设计。将十进制数转换为其他进制的基本方法是辗转相除取余法。操作过程中有重复的处理过程，即：用十进制数除以待转换的进制数而得到一个商及一个余数，则该余数为转换结果的一部分。然后，继续用商除以待转换的进制数而再次得到一个商及一个余数，保留余数。重复上述过程，直到商为0。这些余数倒序排列就是转换结果，最后得到的余数为最高位。

分析可知，若采用递归函数来实现，则递归调用的终止条件是商为0。递归调用时，不断得到新的商值，而每一步除法操作的余数是要输出的转换结果。根据转换原则，转换结果的高位是最后的那个余数，因此它应该被最先输出。所以，在递归调用结束后，逐步输出对应的余数，最后就得到完整的转换结果。为考虑程序通用性，函数包括3个形参，原型声明参考如下：

void dec2sn(char s[], int decimal, int systemNumber);

//s:存放转换后的结果，decimal:十进制数，systemNumber:待转换进制

思考与选做：

(1) 当问题规模较大，可能导致栈溢出时，有什么可行的解决方案？

(2) Karatsuba乘法可以用递归结合分治进行设计，尝试编程实现该算法。

(3) 用递归的方法解决全排列问题，注意问题的规模。

5. 不对称的计算：非对称加密

问题描述：

RSA（三位提出者姓氏的首字母）公开密钥密码体制设计了一种不对称的加密密钥与解密密钥，从而达到"由已知加密密钥推导出解密密钥在计算上是不可行的"目标。其思路是寻求两个大素数比较简单，而将它们的乘积进行因式分解却极其困难。RSA算法的设计与应用过程描述如下：

(1) 任意选取两个不同的大素数 p 和 q，计算乘积 $n=pq$，$\varphi(n)=(p-1)(q-1)$。

(2) 任意选取一个大整数 e（通常是一个大于 p 和 q 的素数），满足 $\gcd(e, \varphi(n))=1$，将 e 用做加密密钥。

(3) 寻找整数 d，使其满足 $(de) \bmod \varphi(n)=1$，即 $de=k\varphi(n)+1$，k 是 $\geqslant 1$ 的任意整数。

(4) 把 (n,e) 公开作为公钥，而 d 不公开，(n,d) 组成私钥。

(5) 将小于 n 的整数 m（称为明文）加密成密文 c，加密算法为 $c=E(m)=m^e \bmod n$。

(6) 将密文 c 解密为明文 m，解密算法为 $m=D(c)=c^d \bmod n$。

在当前的计算能力下，只根据 n 和 e（p 和 q 不公开）要计算出 d 几乎是不可能的。因此，任何人都能对明文进行加密并在网络上公开传输，而只有知道 d 的授权用户才能对密文进行解密。

实训要求：

使用模块化方法编程实现RSA加密程序，功能及流程如下：

（1）任意输入两个4位及以上且位数不同的正整数x和y，首先确认是否都是素数。

（2）当其中有不是素数的数时，找出大于且最接近该非素数的那个素数，比如输入1000和10000，找到的素数是1009和10007。

（3）然后用这两个素数构造公钥和私钥，考虑到数据类型的取值范围限制，作为练习，其中的e可以取一个较小的值（如10以内），否则无法正确存储和计算。

（4）接着用公钥对一个整数进行加密。

（5）最后用私钥进行解密。

（6）按照模块化编程规范，每个独立的功能都应定义成一个函数。

6. 不可逆的计算：散列映射

问题描述：

散列映射也称为哈希（Hash）映射、哈希算法、Hash算法，是一类算法的总称。使用Hash算法可以提高存储空间的利用率以及数据的查询效率，也可以用作数字签名来保障数据传递的安全性，因此广泛应用于互联网中。

Hash算法没有一个固定的公式，只要是符合散列思想的算法都可以被称为Hash算法，其中的映射或函数都被称为散列映射或散列函数。典型的散列函数都有无限定义域，比如任意长度的字节字符串，以及有限的值域，比如固定长度的比特串。通过散列映射可以大幅提高数据元素的检索效率。

所有散列函数都有如下一个基本特性：当两个散列值不同时，其原始输入也必不相同。这个特性使散列函数具有确定性的结果。但根据算法的初衷，散列函数通常会被设计为从一个较大的定义域映射到一个较小的值域，因此输入和输出并不是一一对应的。当两个散列值相同时，只能认为两个输入值有很大的概率是相同的，但不能绝对肯定两者一定相等。即可能会出现所谓的哈希冲突（也称为碰撞）——两个不同的输入值映射到了同一个输出值。当空间不够稀疏时，这种情况发生的概率会变大。

常用的简单散列映射方法（函数）有：

（1）直接寻址法。取关键字或关键字的某个线性函数值为散列地址。即$H(key)=key$或$H(key)=a \cdot key+b$，其中a和b为常数（这种散列函数叫作自身函数）。

（2）数字分析法。分析一组数据，比如学生的出生年月日，可以发现前面的年数相同的概率很大，而后面的月日重复的概率就小得多，如果用后面的数字来构成散列地址，就不太容易发生冲突。数字分析法就是分析数字的规律，构造冲突概率较低的散列地址。

（3）平方取中法。取关键字平方后的中间几位作为散列地址。

（4）折叠法。将关键字分割成位数相同的几部分，最后一部分位数可以不同，然后取这几部分的叠加和（去除进位）作为散列地址。

（5）随机数法。选择一随机函数，取关键字作为随机函数的种子生成随机值作为散列地址，通常用于关键字长度不同的场合。

（6）除留余数法。取关键字被某个不大于散列表表长 m 的数 p 除后所得的余数为散列地址。即 $H(key)=key\,\mathrm{MOD}\,p,p<=m$。不仅可以对关键字直接取模，也可在折叠、平方取中等运算之后取模。对 p 的选择很重要，一般取素数或 m，若 p 选得不好，容易产生碰撞。

除了第1、2种方法，其他4种方法都不存在逆映射。值得注意的是，素数在很多场合得到广泛应用，常常是某些算法中必不可少的元素，这就是为什么素数问题如此受人们重视的原因。

实训要求：

使用模块化方法编程实现散列映射程序，功能及流程如下：

（1）首先构造一个包含多种数据类型的数据记录集合（500条以上记录）。

（2）然后分别使用随机数法和除留余数法将该集合的每条记录映射到4个字节、16个字节的散列表中。

（3）再分别输入5个在集合中的关键字和2个不在集合中的关键字，在该散列表中进行查询。

思考与选做：

构造一个存在哈希冲突的实例，设计并实现解决冲突的方案。

3.3.2　数组运算器

数组运算器指的是在同一个程序中实现对数组的插入、删除、排序与查找等常见功能。通过本题的练习，使得读者能熟练掌握数组的各种操作，以及程序中有多个相互关联的函数时如何进行合理的组织。由于本题中所有的子函数相互之间没有调用关系，即处于同一层次，因此进行程序设计时只涉及简单的模块化思想，不需要使用专门的模块化设计方法。

功能要求：

实现如下多级菜单中要求的功能，并按输入输出样例中的格式输出结果。

0—退出程序

1—生成样本数据

要求：生成样本数据的方式可以从以下4种方式中选择。

（1）自动生成指定范围的随机数。

要求：引入 stdlib.h 及 time.h 头文件，使用随机种子函数 srand() 及随机数函数 rand() 产生指定范围的随机数来填充数组；函数参数应包含范围的上下限。

（2）从键盘输入数据。

（3）用递推公式为数组赋值（选做）。

要求：用能产生等差数列、斐波那契数列等的递推公式为数组赋值，函数参数应包括数列起始值。

(4) 读数据文件(选做)。

要求:从指定的文本文件中读取数据。

2—删除数组元素

要求:返回删除指定元素后数组中有效元素的个数。

(1) 删除指定下标的元素。

(2) 删除指定数值的元素。

(3) 删除指定下标区间的一组元素(选做)。

3—插入数组元素

要求:判断是否存在数组越界的问题,并返回插入指定数据后数组中有效元素的个数。

(1) 按指定下标位置插入新元素。

(2) 在有序数组中插入新元素。

4—数据统计

(1) 求最大值。

(2) 求最小值。

(3) 求平均值。

(4) 求方差和均方差(选做)。

5—数据查找

要求:普通查找(即遍历查找);二分查找(必须先排序,且要区分升序与降序)。

(1) 普通查找。

(2) 二分查找。

6—数列特征判断(选做)

要求:判断数组是否是有序排列,数组元素是否全等。

(1) 是否升序排列。

(2) 是否降序排列。

(3) 是否全部相等。

7—排列数组元素

(1) 排序:

① 冒泡法。

② 选择法。

③ 插入法。

(2) 逆置数组(选做)。

要求:将数组元素倒放在原数组中,如{1,3,5,7,9}变成{9,7,5,3,1}。

8—数组的应用(选做)

(1) 约瑟夫环。

要求:自行了解约瑟夫环的含义及通用计算公式,使用递归方法实现。

(2) 筛选法求素数。

提示:根据数论关于素数的定义,逐一排除2至n连续整数中能被2至sqrt(n)整除且整除结果不为1的数,剩下的就是素数。

输入输出样例1:主菜单

01	********************************
02	数组运算器功能菜单
03	********************************
04	0、退出
05	1、生成样本数据
06	2、删除数组元素
07	3、插入数组元素
08	……
09	8、数组的应用
10	********************************
11	请选择菜单序号(菜单前的数字或字母):2

输入输出样例2:"生成样本数据"子菜单

01	＋＋＋＋＋＋请选择菜单子选项＋＋＋＋＋＋
02	0)退出子菜单
03	1)用指定范围的随机数填充数组
04	2)从键盘输入数据
05	3)用等差序列填充数组
06	＋＋＋＋＋＋＋＋＋＋＋＋＋＋＋＋＋＋＋＋＋＋＋＋
07	1
08	数组样本数据生成完毕!
09	请按任意键继续...

输入输出样例3:"冒泡排序"后"打印数组元素列表"

01	数组元素打印如下:
02	14　　17　　22　　67　　73
03	79　　81　　89　　95　　95
04	请按任意键继续...

3.3.3 学生信息管理

定义如下学生信息结构体类型:

```
struct student {
        char ID[11];
        char name[20];
    };
```

按如下功能要求和输入输出样例设计程序,实现简单的学生信息管理功能。

功能要求:

(1) 主函数:显示菜单并从键盘接收操作序号;调用该序号对应的功能函数;循环以上两步,直至输入的序号为0时,结束程序的运行;当输入的序号不是0、1、2、3时,提示输入错误,要求重新输入。

(2) 信息录入函数:输入10名学生的学号和姓名。

(3) 信息排序函数:实现按学号从小到大排序,其中的排序算法可自定。

(4) 信息查找函数:根据输入的姓名进行查找,若找到则打印其学号,否则提示无该同学的信息。

输入输出样例:

```
01        ********简易学生信息管理系统**********
02       * 1—信息录入 2—信息排序 3—信息查找 *
03       *************************************
04        请输入操作序号:1
05    输入10位同学的信息:学号 姓名
06    PB22001001 Li
07    PB22001009 Zhang
08    PB22001003 Wang
09    PB22001007 Chen
10    PB22001005 Feng
11    PB22001006 Tang
12    PB22001004 Shang
13    PB22001008 Zhou
14    PB22001002 Diao
15    PB22001010 Cheng
16       ********简易学生信息管理系统**********
17       * 1—信息录入 2—信息排序 3—信息查找 *
18       *************************************
```

19	请输入操作序号:2
20	排序后信息情况如下:
21	PB22001001 Li　PB22001009 Zhang　PB22001003 Wang　PB22001007 Chen PB22001005 Feng
22	PB22001006 Tang　PB22001004 Shang　PB22001008 Zhou　PB22001002 Diao 　PB22001010 Cheng
23	*********简易学生信息管理系统*********
24	* 1—信息录入 2—信息排序 3—信息查找 *
25	**********************************
26	请输入操作序号:3
27	请输入所查找学生的姓名:Zhang
28	找到了 Zhang 同学！其学号是 PB22001009

3.3.4　函数版通讯录

按模块化程序设计思想和方法,将本书 2.5.2 节的"简易通讯录"改写成函数版的通讯录程序。

编程提示:

(1)主函数的实现应尽可能简单,语句尽可能少,能独立成函数的部分应尽可能写成单独的函数。

(2)设计函数时应尽可能遵循"高内聚、低耦合"的原则,即功能相对单一、以参数而非全局变量等方式共享数据。

3.4　极简教务系统

任何面向应用的软件开发,都应该遵循软件工程过程,主要包括需求分析、系统(概要)设计、详细设计与实现、测试等环节。因此,本次实验的主要目标就是让学习者在完成实验的过程中初步了解每个环节的基本概念与具体方法,以及各个环节之间的逻辑关系。

本次实验的基本要求是实现配套教材中的极简教务系统示例程序,之后在力所能及的情况下进一步完善功能。

3.4.1　需求分析与系统设计

教务系统是为了满足教务管理需要而开发的系统,用户至少包括管理员、教师、学生三类角色,每个角色的需求各不相同。

从用户的角度,对极简教务系统的需求可以描述为:

（1）用户登录后才能看到自己可以执行的操作,不同类型的用户看到的操作界面不同。

（2）管理员能执行的操作包括:新增用户、删除用户、新增课程、给教师排课。(说明:为简化系统,没有考虑修改用户、修改或删除课程等操作,以下类似。)

（3）教师能执行的操作包括:录入成绩、修改成绩(字符界面下无法在录入成绩后回退修改,而必须单独操作)、对成绩进行排序。

（4）学生能执行的操作包括:选课、查询成绩。

从开发者的角度,极简教务系统的功能需求描述如下:

（1）用户登录:显示登录界面、判断登录结果。

（2）系统管理:新增用户、删除用户、新增课程、教师排课。

（3）教师操作:录入成绩、修改成绩、成绩排序。

（4）学生操作:选课、查询成绩。

可以看出,两者在很多地方的描述相似,但明显角度不同。除此以外,实际的系统一般还有非功能性需求,比如系统响应时间、最大并发用户数、可靠性、安全性等,不在此讨论。

接下来根据需求分析进行系统设计。需求中列出的功能并非工作在同一层次,也并非系统的全部功能。可以通过对系统工作流程的分析划分层级、补全功能。如图3.1所示,程序运行时,首先是用户登录,对非法用户直接结束运行;对合法用户,根据用户类型显示对应的菜单,根据菜单的选择执行相关的操作。当返回值代表"注销"时注销当前用户,并重新进入登录界面,否则回到当前用户菜单继续选择与运行操作。

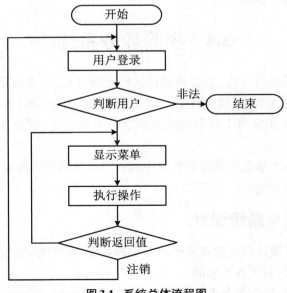

图3.1 系统总体流程图

在总体流程中,除了用户登录外,还有显示菜单和执行操作两个功能(流程图中的判断和选择是程序结构,不是功能模块),它们可以作为第一层的功能模块;系统管理、教师操作、学生操作功能隶属于执行操作功能,因此作为第二层的模块;新增用户、录入成绩、学生选课等则是第三层模块。由此可以得到功能分解后的层次化模块关系,如图3.2所示。

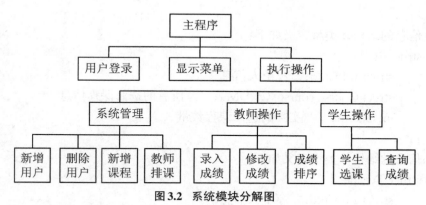

图3.2 系统模块分解图

图3.2中主程序不算单独的一层,也可视为第零层。至此,每个模块的功能都已经足够简单和独立,不用再继续分解。值得注意的是,由于对功能的复杂性和独立性的判断有一定的主观性,因此不同的开发者给出的功能模块分解方案可能会有所差异。

3.4.2 数据设计

虽然只是一个极简的教务系统,但是每类用户也需要包含多种信息,需要设计专门的数据结构进行存储。这里的数据结构,指的是相互之间存在一种或多种特定关系的数据元素的集合。全体用户有共同的基本信息,包括工号或学号(统称为ID)、姓名以及用户类型(对应不同的功能操作菜单)。管理员只有基本的信息,教师和学生则有专属的信息。本系统假设每位教师只上一门课,需要记录课号与课程名称信息;学生可以选多门课,除了选修的课号与课程名称信息以外,还包含该课程的成绩。

在设计数据结构时,可以把用户基本信息以及课程信息都定义成结构体类型,再基于这两种类型,定义用户的结构体类型。为了便于对照使用,一些相关联的对象或符号常量的标识符使用了相似的字符序列,通过字母大小写进行区分。

用户基本信息的结构体类型定义如下:

```
struct Info {   //用户的基本信息,存储后不能修改
    int ID;    //工号或学号,具有唯一性
    char name[NSTRLEN];    //姓名,可以重名
    char pwd[PSTRLEN];    //密码,用于登录验证
    char type;    //用户类型,不同类型用户可以执行不同的操作
};
```

课程信息的结构体类型定义如下：

```
struct Course {
    int cID；  //课号
    char cname[CSTRLEN]；  //课程名称
    float score；  //课程成绩
};
```

学生信息的结构体类型定义如下：

```
struct Student {
    struct Info info；  //个人信息
    struct Course course[CNUM]；  //所有的选修课程信息
    int CNum；  //实际的选修课程数量
};
```

教师信息的结构体类型定义如下：

```
struct Teacher {
    struct Info info；  //个人信息
    struct Course course；  //可以存放主讲课程的平均成绩
};
```

在这些类型定义里普遍使用了符号常量作为数组的大小，这样可以很方便地在实际编程时根据需要设置数组的大小。符号常量的宏定义示例如下：

```
#define NSTRLEN    20   //姓名字符串的最大长度
#define PSTRLEN    16   //密码字符串的最大长度
#define CSTRLEN    20   //课程名称字符串的最大长度
#define CNUM       10   //学生选修课程的上限
```

读者可以根据需要修改常量的大小。同样的，为便于理解与修改，用户类型用符号常量定义如下：

```
#define ADMIN      '1'  //管理员用户
#define TEACHER    '2'  //教师用户
#define STUDENT    '3'  //学生用户
```

本程序把所有可能需要在多个函数中处理的结构体数组都定义成全局的：

```
struct Info      AllUser[USRNUM]；  //所有用户的基本信息
struct Course    course[COUNUM]；  //所有课程的信息
struct Teacher TchUser[TCHNUM]；  //教师用户的详细信息
struct Student StuUser[STUNUM]；  //学生用户的详细信息
```

本系统假设只有一个管理员账号，因此没有定义管理员用户数组。管理员的账号、密码信息预置在用户信息文件中，供登录时验证身份。以上数组的大小用符号常量定义如下，其中总用户数的上限要大于等于各类用户数的上限之和。

```
#define USRNUM  200   //总用户数上限
#define COUNUM  20    //总课程上限
#define TCHNUM  40    //教师数量上限
#define STUNUM  150   //学生数量上限
```

由于一般情况下数组并不总是"满的",在具体操作时需要知道每个数组中实际存储的有效数据有多少,因此针对上面的结构体数组再定义一组全局变量,专门用于存储实际的数据数量:

```
int UsrNum, CouNum, AdmNum, TchNum, StuNum;
```

至此完成主要的数据结构设计。在实际的开发中,数据结构的设计并非一开始就能非常完善,通常会针对后续步骤中发现的问题进行修改。只不过越有经验,需要修改的地方越少。建议读者编写一个只包含 main 函数的程序,利用宏定义给出所有的符号常量值,把以上全部的定义放到程序中,测试一下这些定义是否正确。

后续会给出参考代码,强烈建议读者每写完一个或若干个函数就调试一次程序,以尽可能减少每次调试时的错误数量。经验表明,过多的错误提示很容易让人失去耐心和信心。

3.4.3　自顶向下模块设计

先进行模块间接口的设计,简单来说就是给出功能模块函数的原型声明。

(1) 第一层的函数声明如下:

```
char login();     //用户登录
void ShowMenu(char utype);    //显示菜单
char ExecOp(char utype);    //执行操作
```

(2) 第二层的函数声明如下:

```
char AdminOp();    //管理员操作
char TeacherOp();    //教师操作
char StudentOp();    //学生操作
```

(3) 第三层的函数只对全局数组和全局变量进行操作,都不需要输入,但都需要反馈操作是否有异常,用字符型足够了(用整型也可以),因此函数声明设计如下:

```
char AddUser();    //新增用户
char DelUser();    //删除用户
char AddCourse();    //新增课程
char TchCourse();    //教师排课
char EntScore();    //录入成绩
char ModScore();    //修改成绩
char SortScore();    //成绩排序
char StuCourse();    //学生选课
char ChkScore();    //查询成绩
```

至此，模块接口设计完毕，接下来开始设计实现模块的功能。由于模块分解为三层，可以采用自底向上的实现方法，以便在早期发现模块功能划分或接口设计中可能存在的问题。

3.4.4 自底向上模块实现

以下给出程序的主要代码，其中存在一些不规范和不完善的地方，见相关的说明与注释，请读者修改代码，使程序更加规范与完善。

1. 第三层模块设计实现

由于第三层模块较多，只挑选"新增用户""删除用户""教师排课""录入成绩"四个模块进行介绍，其余模块留给读者自行实践。

1）新增用户

功能描述：

新增教师或学生的信息。

算法设计（自然语言伪代码）：

（1）选择新增的用户是教师还是学生。

（2）若用户数已达上限，结束操作，否则继续。

（3）从键盘接收新增用户的ID并查重，若重复，结束操作，否则继续接收姓名和密码。

（4）更新用户基本信息数组、教师/学生用户数组以及对应的全局变量。

由算法得到如下代码：

```
char AddUser()    //新增用户
{
    char utype;
    int ID,i;

    printf("请选择用户类型(2—教师,3—学生):");
    //每次输入完数据,都应使用fflush函数清缓存,以防干扰后续的输入
    scanf("%c",&utype);
    fflush(stdin);
    if(utype==TEACHER)  {   //新增教师用户
        if(TchNum>TCHNUM)  {   //超过教师用户上限
            return 0;
        }
        printf("请输入教师工号:");
        scanf("%d",&ID);
```

```
fflush(stdin);
for(i=0;i<UsrNum;i++){  //查重
    if(ID==AllUser[i].ID){
        printf("该ID已注册！\n");
        return 0;  //应将常量0定义成宏，以明确其含义
    }
}
//查重通过，记录新ID与用户类型，继续输入姓名、密码
AllUser[UsrNum].ID=ID;
AllUser[UsrNum].type=TEACHER;
printf("请输入姓名:");
scanf("%s",AllUser[UsrNum].name);
printf("请输入密码:");
scanf("%s",AllUser[UsrNum].pwd);
printf("请确认密码:");
scanf("%s",password_2);
//更新教师用户数组
TchUser[TchNum].info=AllUser[UsrNum];
//更新实际用户数量
UsrNum++, TchNum++;
printf("新用户注册完成。\n");
return TEACHER;
} else if(utype==STUDENT){  //新增学生用户
    if(StuNum>STUNUM){  //超过学生用户上限
        return 0;  //应将常量0定义成宏，以明确其含义
    }
    printf("请输入学生学号:");
    scanf("%d",&ID);fflush(stdin);
    for(i=0;i<UsrNum;i++){  //查重
        if(ID==AllUser[i].ID){
            printf("该ID已注册！\n");
            return 0;  //应将常量0定义成宏，以明确其含义
        }
    }
    //查重通过，记录新ID与用户类型，继续输入姓名、密码
    AllUser[UsrNum].ID=ID;
```

```
        AllUser[UsrNum].type＝STUDENT;
        printf("请输入姓名:");
        scanf("%s",AllUser[UsrNum].name);
        printf("请输入密码:");
        scanf("%s",AllUser[UsrNum].pwd);
        //更新学生用户数组
        StuUser[StuNum].info＝AllUser[UsrNum];
        //更新实际用户数量
        UsrNum＋＋, StuNum＋＋;
        printf("新用户注册完成。\n");
        return STUDENT;
    }
    //能执行到这里,说明输入的类型是错误的
    return 0;    //应将常量0定义成宏,以明确其含义
}
```

正常完成操作后函数返回当前的用户类型（TEACHER或STUDENT）以备主调函数使用,若返回0则表示操作异常,主调函数也需要对异常做出响应。

编写这个函数时,首先要理清各步骤之间的逻辑关系,尽量减少无效操作,比如输入ID后立刻查重,查重通过后才允许继续输入;其次是要进一步熟悉结构体数组在实际编程中的常见用法;最后要注意更新程序中有关联的数据,比如教师信息不只存在于AllUser数组中,也存在于TchUser数组中,记录实际教师数量的全局变量也需要更新。

除此以外,每次输入完数据,都应使用fflush函数清除输入缓冲区中的内容,以防遗留的回车等字符干扰后续的输入。

2）删除用户

功能描述:

删除指定的用户。

算法设计（自然语言伪代码）:

（1）从键盘接收拟删除用户的ID并查找,若没有,结束操作。

（2）否则显示姓名并确认是否删除。

（3）确认后更新用户基本信息数组、教师/学生用户详细信息数组以及对应的全局变量。

由算法得到如下代码:

```
    char DelUser( )    //删除用户
    {//这个函数缺少修改学生信息的处理过程,请补充代码使其功能完整
        int ID, i, j;
        char c;    //用于确定是否删除
```

```
printf("请输入工号或学号:");
scanf("%d",&ID);fflush(stdin);
for(i=0;i<UsrNum;i++){   //查询用户
    if(ID==AllUser[i].ID){
        break;
    }
}
if(i>=UsrNum){
    printf("用户不存在! \n");
    return 0;   //应将常量0定义成宏,以明确其含义
}
printf("是否确定删除用户%s?(Y/N)\n",AllUser[i].name);
c=getchar();
fflush(stdin);
if(c! ='Y'&& c! ='y'){
    return 0;   //应将常量0定义成宏,以明确其含义
}
//从ID所在元素开始从后向前移动AllUser数组的元素
for(j=i;j<UsrNum-1;j++){
    AllUser[j]=AllUser[j+1];
}
UsrNum--;   //减去一位用户
for(i=0;i<TchNum;i++){   //查询用户
    if(ID==TchUser[i].info.ID){
        break;
    }
}
//除非用户数组与基本信息数组内容不符,否则不会出现以下情况
if(i>=TchNum){
    printf("用户信息不一致! \n");
    return 0;   //应将常量0定义成宏,以明确其含义
}
for(j=i;j<TchNum-1;j++){
//从ID所在元素开始从后向前移动TchUser数组的元素
    TchUser[j]=TchUser[j+1];
```

```
        }
        TchNum－－；  //减去一位用户
        return 2；  //返回非0值表示删除操作正常完成，2是函数的序号
        //应将常量2定义成宏，以明确其含义
    }
```

这个函数有几个值得注意的地方：其一是删除用户时要同时删除基本信息和详细信息；其二所谓的删除，只需要逐个用后面的元素覆盖前面的元素，并将实际用户数量减1即可；其三是只处理了删除教师用户的情况，没有处理管理员、学生类型的用户；其四是虽然正常情况下基本信息不会与详细信息不一致，但是作为设计者，必须尽可能进行异常处理，以防发生意外时程序出现错误。

3）教师排课

功能描述：

给指定的教师安排指定的课程。

算法设计（自然语言伪代码）：

（1）从键盘接收教师的ID并查找，若没有，结束操作。

（2）否则显示教师姓名并确认是否排课。

（3）确认后显示现有的全部课程ID及名称。

（4）从键盘接收课程的ID并更新教师用户详细信息。

由算法得到如下代码：

```
    char TchCourse( )   //教师排课
    {
        int ID,i,j；
        char c；

        printf("请输入教师工号：\n")；
        scanf("%d",&ID)；fflush(stdin)；
        for(i=0;i<TchNum;i++)   {   //查询用户
            if(ID==TchUser[i].info.ID) {
                break；
            }
        }
        if(i>=TchNum) {
            printf("用户不存在！\n")；
            return 0；   //应将常量0定义成宏，以明确其含义
        }
        printf("是否确定为%s老师排课?(Y/N)\n",TchUser[i].info.name)；
```

```
c=getchar( );fflush(stdin);
if(c!  ='Y'&& c!  ='y') {
        return 0;    //应将常量0定义成宏,以明确其含义
}
printf("课号\t\t课程名称\n");
for(j=0;j<CouNum;j++) {    //显示当前所有课程,每行4门课程
        printf("%d\t%s%c",course[j].cID,course[j].cname,
            (j+1)%4? '\t':'\n');
}
printf("请输入课号:");
scanf("%d",&ID);fflush(stdin);
for(j=0;j<CouNum;j++) {    //查找课程
        if(ID==course[j].cID) {
                break;
        }
}
TchUser[i].course=course[j];    //为教师排课
return 4;    //应将常量4定义成宏,以明确其含义
}
```

这个函数的操作结果是修改教师详细信息中的课程成员,成功后返回一个非 0 的值,这里使用函数的序号 4。

4) 录入成绩

功能描述:

教师录入所负责课程的学生成绩。

算法设计(自然语言伪代码):

(1) 从学生详细信息中逐个查找选课学生。

(2) 每找到一个就列出学生的 ID(学号)和姓名。

(3) 从键盘接收学生的成绩,输入数据不在[0,100]之间时允许重新输入一次。

(4) 允许在中途停止录入,条件是输入某个特定成绩(比如 -1)。

(5) 返回(1)循环,直至录完所有选课学生的成绩。

由算法得到如下代码:

```
char EntScore( )    //录入成绩
{
    int i,j,k,cID;
    float score;
    char c;
```

```
for(i=0;i<TchNum;i++){    //查询教师在详细信息数组中的位置
    if(CurID==TchUser[i].info.ID){
        break;
    }
}
cID=TchUser[i].course.cID;
for(j=0;j<StuNum;j++){
    for(k=0;k<StuUser[j].CNum;k++){
        if(cID==StuUser[j].course[k].cID){
            break;
        }
    }
    printf("学号:%d\t姓名:%s,请输入成绩:",...);    //补充输出项
    scanf("%f",&score);
    fflush(stdin);
    if(score<0||score>100){    //应将0和100定义成宏,以明确其含义
        if(fabs(-1.0-score)<1e-6){    //输入-1表示提前结束成绩录入
            printf("提前结束成绩录入。\n");
            return 1;    //应将常量1定义成宏,以明确其含义
        }
        //有问题的数据允许重新输入一次
        printf("输入错误,是否重新输入?(Y/N)");
        c=getchar();
        fflush(stdin);
        if(c!='Y'&&c!='y'){
            return 0;    //应将常量0定义成宏,以明确其含义
        }
        printf("重新输入成绩:");
        scanf("%f",&score);
        fflush(stdin);
    }
    if(score<0||score>100){    //应将0和100定义成宏,以明确其含义
        printf("非法成绩,结束成绩录入。\n");
        return 1;    //应将常量1定义成宏,以明确其含义
    }
```

```
        StuUser[j].course[k].score=score；
    ｝
    return 1；    //应将常量1定义成宏,以明确其含义
｝
```

在函数中需要根据教师的 ID 查找所承担课程的 ID,再根据课程 ID 查找选课的学生。

为方便起见,定义一个记录当前登录用户 ID 的全局变量如下:

```
    int CurID；    //记录当前登录用户的ID,以备后用
```

由于数据设计时没有在课程结构体中设计存储选课学生信息(包含成绩信息)的成员,因此只能从学生详细信息中逐个查找选课情况。专门设计成员的缺点是会占用更多的存储空间,优点是能提高执行效率,也就是常说的以空间换时间。在程序设计时,经验之所以重要,就是因为设计与实现的方案通常不止一种,需要凭借经验权衡利弊进行选择。

第三层其余的"新增课程""修改成绩""成绩排序""学生选课""查询成绩"五个功能模块作为作业由读者自行实现。

2. 第二层模块设计实现

第二层只有三个模块,本书给出"系统管理""教师操作"模块的设计与实现,请读者自行设计实现"学生操作"模块。

1) 系统管理

功能描述:

根据菜单选项调用系统管理功能函数。

算法设计(自然语言伪代码):

(1) 从键盘接收管理员的菜单选项。

(2) 保持循环直至输入合法的选项。

(3) 选择"注销当前用户"时结束函数的运行,否则调用相应的功能函数。

由算法得到如下代码:

```
    char AdminOp()    //管理员操作
    ｛
        char item；
        while(1)｛    //应将1定义成宏,以明确其含义
            printf("请输入选项(0—4):")；
            scanf("%c",&item)；
            fflush(stdin)；
            if(item>='0'&&item<='4')｛    //应将字符常量定义成宏,以明确其含义
                break；
```

```
        }
        printf("输入错误！\n");
    }
    switch(item){    //应将以下的字符常量定义成宏,以明确其含义
    case '1':
        return AddUser();
    case '2':
        return DelUser();
    case '3':
        return AddCourse();
    case '4':
        return TchCourse();
    }
    return 0;    //应将常量0定义成宏,以明确其含义
}
```

菜单项统一在"显示菜单"模块中显示,不过在此之前已经可以根据底层功能确定有哪些菜单项,这里只需要为每个菜单项赋一个标号值。从这个函数也可以看出模块化程序设计的一个特点:越到顶层的模块,其设计实现越简单。这样可以使得上层的逻辑非常清晰,不容易出现设计的问题。即便将来需要修改,也会更容易。

2）教师操作

功能描述：

根据菜单选项调用教师操作功能函数。

算法设计（自然语言伪代码）：

（1）从键盘接收教师的菜单选项。

（2）保持循环直至输入合法的选项。

（3）选择"注销当前用户"时结束函数的运行,否则调用相应的功能函数。

由算法得到如下代码：

```
char TeacherOp()    //教师操作
{
    char item;
    while(1){
        printf("请输入选项(0-3):");
        scanf("%c",&item);
        fflush(stdin);
        if(item>='0'&&item<='3'){    //应将常量定义成宏,以明确其含义
            break;
```

```
            }
            printf("输入错误！\n");
        }
        switch(item) {    //应将以下的字符常量定义成宏，以明确其含义
        case '1':
            return EntScore();
        case '2':
            return ModScore();
        case '3':
            return SortScore();
        }
        return 0;    //应将常量定义成宏，以明确其含义
    }
```

除了调用的函数名，几乎可以完全照抄"系统管理"模块，到这里读者应该已经能逐渐体会到模块化的优点了。

3. 第一层模块设计实现

第一层有"用户登录""显示菜单"和"执行操作"三个模块，逻辑都非常简单。不过"用户登录"涉及的问题有点复杂，将放在最后设计实现。

1）显示菜单

功能描述：

根据用户类型分别显示菜单。

代码如下：

```
    void ShowMenu(char utype)    //显示菜单
    {
        system("cls");    //系统调用:清空屏幕
        switch(utype) {
        case ADMIN:
            printf("1.新增用户\n");
            printf("2.删除用户\n");
            printf("3.新增课程\n");
            printf("4.教师排课\n");
            break;
        case TEACHER:
            printf("1.录入成绩\n");
            printf("2.修改成绩\n");
```

```
            printf("3.成绩排序\n");
            break;
        case STUDENT：
            printf("1.学生选课\n");
            printf("2.查询成绩\n");
            break;
        default：
            break;
        }
        printf("0.注销当前用户\n");
    }
```

函数中使用system系统调用清空屏幕,可以根据需要取舍。

2）执行操作

功能描述：

根据用户类型调用不同用户的操作功能函数。

代码如下：

```
    char ExecOp(char utype)   //执行操作
    {
        switch(utype) {
        case ADMIN：
            return AdminOp();   //执行管理操作
        case TEACHER：
            return TeacherOp();   //执行教师操作
        case STUDENT：
            return StudentOp();   //执行学生操作
        }
        return 0;
    }
```

3）用户登录

功能描述：

根据用户名和密码判断并返回用户类型。

算法设计（自然语言伪代码）：

（1）从键盘接收用户名和密码。

（2）与用户基本信息进行比较,获得当前用户的ID与类型。

（3）返回用户类型。

这个函数的问题是:系统第一次运行的时候并没有注册的用户,如何进行比较?

有两个办法：一个是在系统中预设一个账号（写在软件中或者加密的配置文件中），另一个是在系统第一次运行的时候注册一个初始账号。本系统采用第一个办法，读者可以自行尝试第二个办法。无论采用哪种办法，为使软件具有通用性，所有用户账号信息都应该保存在文件中，其后运行程序时先读文件，再进行用户识别。

为了增加一点乐趣，在运行程序时使用系统调用设置了背景与字体的颜色，并制作了一个简单的界面，读者可以自己制作更美观的字符界面。

函数代码如下：

```c
char login()   //用户登录
{
    char usrnm[NSTRLEN],pwd[PSTRLEN];
    int i;

    system("cls");
    system("color A4");
    /*0＝黑色 1＝蓝色 2＝绿色 3＝湖蓝色 4＝红色 5＝紫色 6＝黄色 7＝白色 8＝灰色*/
    /*9＝淡蓝色 A＝淡绿色 B＝淡浅绿色 C＝淡红色 D＝淡紫色 E＝淡黄色 F＝亮白色*/
    printf("★☆★☆☆★★☆☆★★☆★★★★☆★☆★\n");
    printf("★☆★★☆★ 教务系统 ★☆★☆★☆★\n");
    printf("★☆★★☆★☆☆★★☆★★☆☆★★☆★\n");
    printf("请输入用户名：");
    if(scanf("%s",usrnm)==EOF) {
        exit(EOF);
    }
    printf("请输入密码：");
    if(scanf("%s",pwd)==EOF) {
        exit(EOF);
    }
    fflush(stdin);

    for(i=0;i<UsrNum;i++) {
        if(!strcmp(usrnm,AllUser[i].name)&&
           !strcmp(pwd,AllUser[i].pwd)) {
            CurID=AllUser[i].ID;   //记录当前登录用户的序号，以备后用
            return AllUser[i].type;
```

```
        }
    }
    return 0;   //只要匹配失败就返回0
}
```

函数中演示了如何使用scanf函数的返回值,当scanf获取数据失败时,会返回EOF(通常是−1)。

还剩下一个问题,预设账号在哪里? 为此,新增一个读配置文件的功能模块。

4) 读配置文件

功能描述:

将用户基本信息从文件读入内存。

代码如下:

```
    void LoadUsrInfo( )   //将用户基本信息读入内存
    {
        FILE *fp;
        int i;

        if((fp=fopen(USRFILE,"r"))==NULL) {
            printf("文件%s打开失败! \n",USRFILE);
            exit(−2);   //应将常量定义成宏,以明确其含义
        }
        fscanf(fp,"%d %d %d %d",&UsrNum,&CouNum,&TchNum,&StuNum);
        for(i=0;i<UsrNum;i++) {
            fscanf(fp,"%d %s %s %c",&AllUser[i].ID,AllUser[i].name,
                AllUser[i].pwd,&AllUser[i].type);
        }
        fclose(fp);
    }
```

函数中的USRFILE是一个符号常量,可以是任意合法的文件名字符串,比如:

```
    #define USRFILE "d:\\user.txt"
```

在本系统中,这个文件用来存储实际用户数、实际课程数、实际教师数、实际学生数以及所有用户的ID、姓名、密码、类型。本系统的设定是有一个缺省的管理员用户,管理员的ID、姓名、密码和类型信息都要事先写在该文件中。当程序启动时,会首先检查该文件是否存在,并从中读取信息。因此,为使程序能正常启动,必须事先创建好该文件。最初的文件有两行,第一行是当前的用户数、课程数、教师数和学生数。由于只有一个管理员用户,没有课程、教师和学生,因此第一行的内容就是:

1 0 0 0

第二行则是缺省的管理员用户的ID、姓名、密码和类型信息,用以在首次运行系统时进行管理员登录验证。

4. 主函数的实现与测试

由于编写完每个模块时都应该先进行基本的功能测试,因此只需要将已有的主函数的内容替换为本系统的功能即可。

主函数的算法就是图3.1的流程,代码如下:

```
int main()
{
    char utype;

    LoadUsrInfo();
    while(1) {
        utype=login();   //登录后返回用户类型
        if(! utype) {   //类型为0表示登录失败
            printf("用户名或密码错误! \n");
            break;
        }
        while(1) {
            ShowMenu(utype);
            //返回值为0表示结束当前用户操作,重新登录
            if(ExecOp(utype)==0) break;
        }
    }
    return 0;
}
```

如果之前每个模块都进行过语法测试,到这一步应该不会存在语法错误了,可以把整个程序运行起来进行系统功能测试。

3.4.5 增加新的功能模块

除了还有一些仅给出原型的功能模块需要读者自己实现以外,请进一步完善极简教务系统,增加如下新的功能:

(1)在新增用户时加入密码确认步骤。

(2)设计实现"新增课程""修改成绩""成绩排序""学生选课""查询成绩"以及"学生操作"模块。

(3)原系统只将用户基本信息存入文件,请将教师信息与学生信息分别存入详细信息文件,并在修改教师排课、学生选课时从该文件中读取信息。

第4章 系统级编程练习

系统级编程是实现计算思维应用的底层软件基础。C语言之所以能成为最主流的系统级的编程工具，一个重要的原因就是它拥有指针工具。使用指针进行系统级编程，能更直接且高效地操作内存对象。更重要的是，它可以帮助程序员更好地理解程序运行的底层逻辑。

本章实验内容以指针为基础，从基本的指针操作到综合性的应用，涵盖了内存访问的概念、数组与指针的关系、函数的指针型参数传递、函数的指针、文件指针和文件操作，以及利用指针建立动态数据结构——链表等相关知识点。

4.1 指 针 与 数 组

指针是用于存储地址的变量，数组名是地址，两者之间具有天然的联系。通过本节的练习，理解并掌握下列知识点及其应用：

（1）内存地址的概念，指针和指针变量的概念。

（2）指针变量的声明和使用，取地址运算和间接访问运算。

（3）数组的地址空间和元素访问过程，数组和指针的关系，指针的算术运算。

（4）通过指针访问多维数组。

（5）通过指针处理字符串。

4.1.1 程序填空

1. 数组与指针

数组名可以直接参与一些运算，在运算中会被转化为指针。本题练习用指针的形式操作一维数组，按注释中的要求和输入输出样例补充程序中空缺的部分。

程序代码：

```
01  #include ⟨stdio.h⟩
02  int main( )
03  {
04      int i, x[6], sum = 0;
```

```
05        printf("输入6个整数:");
06        for(i = 0; i < 6; ++i) {
07            _____;   //用指针的方式从键盘接收数据到数组中
08            _____;   //用指针的方式对数组中的所有元素进行累加
09        }
10        printf("数组中6个元素的和:Sum = %d", sum);
11        return 0;
12    }
```

输入输出样例:

```
01  输入6个整数:1 2 3 4 5 6
02  数组中6个元素的和:Sum = 21
```

学习要点:

(1) 数组名 x 默认为首元素 x[0] 的地址,该地址在参与运算时会被转换成一个指针。由于该指针的指向在程序运行期间是不可改变的,因而是一个指针常量。

(2) 表达式 x+i 并不会修改 x 的值,而只是在数组首地址加上第 i 个元素的地址偏移量(i*sizeof(数组元素类型)),即得到元素 x[i] 的(以字节为单位的)首地址,等价于表达式 &x[i]。因此,指针间接访问 *(x+i) 与数组形式访问 x[i] 的结果是一样的,都可以实现对数组 x 第 i 个元素的读写。

2. 二维字符数组

以下程序将二维字符数组 s[5][20] 中存放的字符串按字典序进行排序。按注释中的要求和输入输出样例补充程序中空缺的部分。

程序代码:

```
01  #include ⟨stdio.h⟩
02  #include ⟨string.h⟩
03  #define N 5
04  int main()
05  {
06      char s[N][20];
07      char *p[N];
08      char *t;
09      int i, j, min;
10      printf("输入%d个字符串:\n", N);
11      for (i = 0; i < N; i++) {
12          fgets(s[i], 20, stdin);
```

```
13              _____    //将p中的每个指针分别指向s的对应行
14      }
15      //以下对p指向的字符串按字典序进行选择排序：
16      for (i = 0; i < N − 1; i++) {
17          for (min = i, j = i+1; j <= N − 1; j++) {
18              if_____ {   //比较p[i]与p[j]指向的字符串
19                  min = j;
20              }
21          }
22          if (min ! = i) {
23              t = p[min];
24              _____;
25              p[i] = t;
26          }
27      }
28      printf("排序后的字符串:\n");
29      for (i = 0; i < N; i++) {
30          _____    //用fputs函数输出p指向的N个字符串
31      }
32      return 0;
33  }
```

输入输出样例：

```
01  输入字符串:
02  easy
03  am
04  a
05  do
06  can
07  排序后的字符串:
08  a
09  am
10  can
11  do
12  easy
```

编程提示:

(1) 字典序:从首个字母开始比较两个字符串,当两个字母相同时,继续比较下一个字母;当两个字母不同时,按26个英文字母的顺序进行排序并结束比较。需要注意的是,字典序与字符串的长度无关,比如"bbc"排在"astronomy"后面。

(2) 库函数strcmp就是按字典序比较两个字符串的大小(不是长度)。

(3) 注意区分指针数组*p[ ]与行指针(*p)[ ]。

(4) 也可以用strcpy函数实现字符串的交换,但其写法比指针形式更加繁琐。

4.1.2 自主编程

1. 变量、数组与指针

按如下功能要求与输入输出样例设计程序,体会变量、数组与指针的关系。

功能要求:

(1) 分别定义一个字符型变量、字符型数组并初始化,再定义两个字符型指针,分别指向该变量和该数组后,打印变量、数组和指针的地址、指针指向的地址以及该地址中的内容;假设指向数组的指针名为p,使用printf语句循环打印p+i(i小于数组的大小)的地址值以及地址中的内容。

(2) 在复合语句中,分别定义一个double型变量、double型数组并初始化,再定义两个double型指针,分别指向该变量和该数组后,打印变量、数组和指针的地址、指针指向的地址以及该地址中的内容;假设指向数组的指针名为p,使用printf语句循环打印p+i(i小于数组的大小)的地址值以及地址中的内容。

输入输出样例:

```
01  字符变量的地址:0060FEFB
02  字符数组的地址:0060FEF6
03  字符指针1的地址:0060FEF0
04  字符指针2的地址:0060FEFC
05  字符指针1指向的地址:0060FEFB
06  字符指针2指向的地址:0060FEF6
07  p+1的地址和内容:0060FEF6 a
08  p+2的地址和内容:0060FEF7 b
09  ……
```

2. 指向数组的指针的运算

按如下功能要求设计程序,体会指向数组的指针的运算。

功能要求:

(1) 定义一个char型数组、一个double型数组并初始化,分别定义一个char型指针和一个double型指针指向这两个数组。

(2) 自行编写语句,打印对以上指针进行*、&、+、-和++、--(自减)运算的结果。

3. 提取字符串中的数字

按如下功能要求与输入输出样例设计基于指针的程序,从一串字符中提取连续2个以上的数字。本题练习字符串处理。本质上,字符串是以'\0'结尾的字符数组,其元素不可改变。

功能要求:

(1) 从键盘接收一行字符串,其中包含数字字符和非数字字符。

(2) 从该字符串中提取出所有连续(长度>=2)的数字字符串。

(3) 输出提取的字符串以及字符串的数量。

输入输出样例:

```
01  输入一个包含数字的字符串:
02  2002-6-19 USTC room 3c101.
03  提取的数字字符串:
04  2002,19,101,共有3个2位以上的数
```

编程提示:

根据题目要求,只需要提取连续的数字,所以一种简便的做法是在接收字符串的时候就把非数字字符全部转换为'\0',然后再将字符串中单独的数字也转换为'\0',这样还留在字符串中的非'\0'字符就只剩下连续的数字。再结合'\0'的ASCII值为0,就可以很容易地进行后续的处理。

4. 寻找长度最长的单词

按如下功能要求与输入输出样例设计基于指针的程序,从输入的一行文字中找出最长的英文单词并输出。

功能要求:

(1) 从键盘接收不超过200个字符的字符串,若输入字符超出200则只取前200个。

(2) 在该字符串找到最长的英文单词,此处的单词指的是由连续的大小写字母构成的字符串,其他符号都视为单词分隔符。若有多个等长单词均达到最大长度,则只输出最先出现的那一个。

(3) 所有对字符串的操作均以指针形式进行。

(4) 只允许使用单层循环结构。

输入输出样例：

01 输入一行文字：
02 TED believes passionately that ideas have the power to change attitudes，lives， and ultimately，the world.
03 最长的单词为：
04 passionately

编程提示：

（1）可将非字母字符转为'\0'来简化操作，此时可用strlen( )得出单词长度，并据此进行后续的比较、替换等操作。

（2）可用isalpha( )函数来判断字符是否为字母。

（3）可用for的空循环定位单词开始与结束位置。

5. 字符串移位

按如下功能要求与输入输出样例设计基于指针的程序，将一个字符串循环右移若干位。

功能要求：

（1）从键盘接收50个字符以内的字符串，若超出50个则只取前50个。

（2）从键盘接收一个整数n，将字符串循环右移n位后打印。

（3）循环执行以上两步，直至单独输入一个回车时，结束程序的运行。

（4）要求用指针实现以上功能。

输入输出样例：

01 输入字符串及右移位数：abcdefgh 2
02 右移2位后：ghabcdef
03 输入字符串及右移位数：abcdefgh 41
04 右移41位后：habcdefg

编程提示：

（1）循环右移一位是指将最后一个字符移到字符串最左边，其余字符均向右移动一个位置。循环右移n位是将上述循环右移一位的动作重复n次。

（2）若给定的右移量超过了原始字符串的长度，应做适当的考虑和处理以提高程序运行效率。

6. 指针数组与指向数组的指针

指针数组，即数组元素为指针。指针数组的操作与同类型的二维数组有一些相同之处，但也有一些显著的不同。自行编写一个使用指针数组的程序，展示其所能进行的运算，并与普通的二维数组进行比较。

功能要求：

（1）定义一个char型的指针数组和一个char型的二维数组并初始化。

（2）分别按行列打印这两个数组中的内容。

（3）通过语句修改指针数组和二维数组的内容并打印结果。

编程提示：

（1）要注意区分指针数组与指向数组的指针，前者是一种特定类型的数组，后者则是一种指向特定对象的指针。两者都可以与同类型的二维数组有关联，但定义和操作方式有很大不同。例如，当定义char *a[5];时，由于[]的优先级比*高，标识符a优先与[]结合，因此a是一个数组，包含5个元素，前面的char *则是数组元素的类型。也就是说，这个数组包含了5个字符指针元素。当定义char (*p)[5];时，由于()限定了p优先与*结合，因此p是一个指针，其类型是char [5]，表明这个指针将要（应该）指向的对象是char [5]类型的数组。当然，这个被指向的数组还需要另外定义。

（2）任何指针都只有在指向一个已分配存储空间的对象时才有实际意义，指针数组中的指针同样如此。对定义char *a[5];来说，包含了5个char *类型的指针，将来的应用中，需要将每个指针指向一个char类型的存储对象，最常见的就是字符串或字符数组。

4.2　指　针　与　函　数

指针作为函数参数时，能接收任意地址值，并按照形参指定的类型进行操作。由于接收的地址可能来源于各种不同的存储对象，当对象的类型比较复杂时，指针的类型也会随之变得复杂，稍不留神就会产生操作错误，此时需要谨慎使用指针参数。

通过本节的练习，理解并掌握下列知识点及其应用：

（1）指针用作函数参数时，形参与实参之间的值传递过程。

（2）基于main函数的命令行参数的应用。

（3）函数指针的概念及其应用。

4.2.1　程序填空

找中位数

C语言的函数调用采用的是值传递机制。一维数组作为函数参数时，实参向形参传递的是实参名所代表的地址值。由于只有指针才能接收地址值，因而表面上看似数组的形参，其本质必然是一个指针。

按注释中的要求和输入输出样例补充程序中空缺的部分，找出一组数据中的中位数。

程序代码:

```
01   #include ⟨stdio.h⟩
02   #define SIZE 10
03   void sort(int arr[ ], int size)   //选择排序
04   {
05       int i, j, t;
06       for (i = 0; i < size; i++) {
07           for (_____ j++) {
08   //为便于理解与阅读,在函数语句中使用[ ]而非*运算符进行数组元素的操作
09               if (_____) {
10                   t = arr[i];
11                   _____
12                   _____
13               }
14           }
15       }
16   }
17   float getMedian(int *arr, int size)   //查找中位数
18   {
19       if (_____){   // size 为偶数时
20           return (arr[(size − 1) / 2]+arr[size / 2]) / 2.0;
21       } else {
22           _____;
23       }
24   }
25   int main( )
26   {
27       int i, arr[SIZE];
28       printf("输入%d个整数: ", SIZE);
29       for (i = 0; i < SIZE; i++) {
30           scanf("%d", _____);   //向 arr 数组输入值
31       }
32       _____   //调用排序函数
33       printf(_____);   //调用查找中位数函数并打印其返回值
34       return 0;
35   }
```

输入输出样例:

01	输入10个整数:1 4 2 9 8 5 5 6 7 3
02	输出:5.000000

编程提示:

(1)为找出中位数,通常需要先对数据进行排序。

(2)一维数组作为函数形参时,int arr[ ]和 int * arr 是等价的。在函数调用时,实参arr是数组名,参数传递的内容是数组的首地址,也可以表达为&arr[0]。

4.2.2 自主编程

1. 矩阵元素的查找与交换

本题练习用指针处理二维数组、数组和指针作函数参数。按如下功能要求和输入输出样例设计基于指针的程序,将$n \times n$矩阵中的前4个最小元素放置到四个角上。

功能要求:

(1)主函数:从键盘接收方阵的行列数n(n大于等于3)和n^2个矩阵元素(设为整数类型);调用元素放置函数;打印处理后的矩阵。

(2)元素放置函数:通过函数参数接收输入的矩阵;用指向二维数组元素的指针进行操作,将前4个最小的元素放置到矩阵四个角的位置(顺序为:左上、右上、左下、右下,分别与原来4个角上的元素互换位置),其他元素保持不动。

输入输出样例:

01	输入方阵的阶数:5
02	输入5x5方阵的元素(25个整数):
03	20 21 10 11 9 8 19 1 22 18 17 2 16 15 23 3 24 25 7 6 5 4 12 13 14
04	原始矩阵:
05	20 21 10 11 9
06	8 19 1 22 18
07	17 2 16 15 23
08	3 24 25 7 6
09	5 4 12 13 14
10	结果矩阵:
11	1 21 10 11 2
12	8 19 20 22 18
13	17 9 16 15 23
14	5 24 25 7 6
15	3 14 12 13 4

编程提示:

(1)可参考的函数原型: void min4Corner(int * address, int n);

(2)通过用指针指向二维数组的元素,可将二维数组直接或间接地转换为一维数组处理,从而将二重循环简化为一重循环。但这种写法比较晦涩,不容易理解。

(3)可以先利用排序算法得到最小的4个元素并记录在一个数组里,然后再把这4个元素按顺序交换到相应位置,不过这种方法的代码会比较繁琐。

2. 仿真生命游戏

生命游戏是由约翰·何顿·康威在1970年发明的细胞自动机,可参考Conway's Game of Life Wikipedia(https://en.wikipedia.org/wiki/Conway%27s_Game_of_Life)。游戏是在一个类似于围棋棋盘一样的可以无限延伸的二维方格网中进行。设想每个方格中放置一个生命细胞,生命细胞只有两种状态:"生"或"死"。游戏开始时,每个细胞可以被随机设定或指定为"生"或"死"的状态,然后,再根据以下生存规则计算下一代每个细胞的状态:

(1)一个活的细胞如果其周围的活的邻居细胞少于2个,则会死亡(模拟种群过少)。

(2)一个活的细胞如果其周围有2个或者3个活的邻居细胞,则会在下一代继续生存。

(3)一个活的细胞如果其周围有3个以上活的邻居细胞,则会死亡(模拟种群过密)。

(4)一个死的细胞如果其周围刚好有3个活的邻居细胞,则变成活的细胞(模拟再生)。

本题练习用指针处理二维数组、数组和指针作函数参数。按如下功能要求和输入输出样例设计基于指针的程序,实现上述游戏。

功能要求:

(1)主函数:定义大小为40×40的矩阵作为记录生命状态的网格;从键盘接收一个整数$n(n \geqslant 2)$表示生命进化到第n代;调用演化函数。

(2)演化函数:通过函数参数接收网格矩阵;初始化每个网格对应的细胞状态(自行设置初代细胞的生存概率),活细胞用"*"表示,死细胞用"—"表示;按上面的规则设计算法,计算并打印生命的n代演化过程。

输入输出样例: 每行40个字符

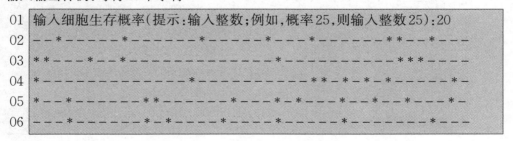

```
07 ———*—*—*—*——**———————————*—*———*———
08 —*————*—*—*———*———*——***——*———**—*——
09 —*————***—————*————————*——————*—*———*—
10 ———*—**————*—*————*———*——*————*———*—
11 ————————*—*———————*————*——**————
12 ————*——*——**———**——*—*————****——*
13 ————*——————*———*—————————
14 *——*—***——*——**————————***————
15 —*————————**————*———*————*—*—
16 —*————————————*——**———*——
17 *—*—**—*—***——*——**———*————*————
18 ———*——————**——*—*—————*—**—*—
19 —**—***—————————*—**——**———*—
20 ***—*—*—————————***—*——**—*———
21 ———*————————*——*—*————*—————*—*
22 —*———————*—*————*———*——
23 ————————**—————**———*—*————*—
24 *——————————**—*———***—*———*—
25 —*——**—*—*————————*——**————*
26 —*—*—*———**———————*———*———**
27 ————————**—————*———*——
28 *——————*—*—*———*————*———*—*
29 ———*————*—**—*————**———*—
30 *——————*——*———————*——*—**——
31 ————————*————*——**———————*
32 —*—*—*————————**——***———*——
33 ————————————*———*———*—
34 *————————**—*————————*———*——
35 ——*———*————————*—*—*————*—**
36 ——————————*——*——*——————*———
37 —*——*—*———*—*——**———*————**—*
38 —*————————*————————**—*—*
39 —*—**——————————*————*—*———
40 ————**————*—*———*——*——*———
41 ——————————————*—————————*
42 输入递归几代:8
```

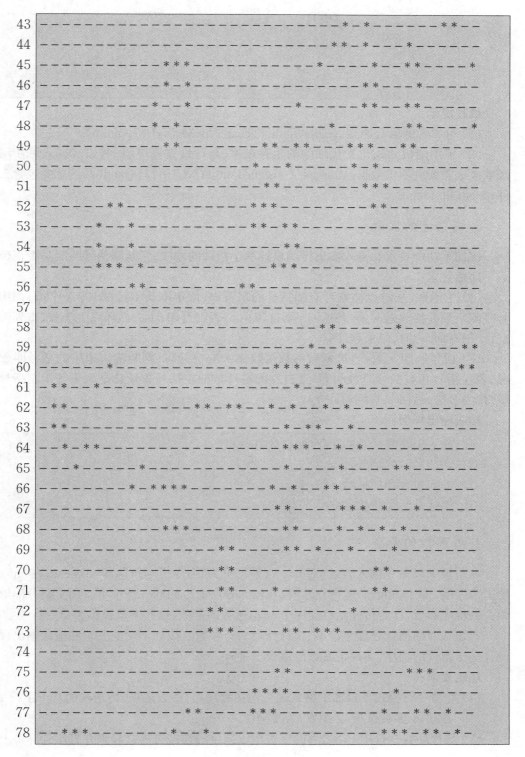

```
79  — * — — — — — — * * — — — — — * * — — — — — * 79 — — — — * * — —
80  — * — — * — — — — — — — — — — * — * — — — * * — — * * * — — — * * *
81  — * — — — — — — — — — — — — — — * — * — — — — — —
82  — — * * * — — — — — — — — — — — — — — — — — — — —
```

编程提示：

（1）可参考的函数原型：void evolution(char * lifeMatrix[40], int n)。

（2）采用随机初始化初代细胞的生存概率，自行设置概率值，例如50%。可使用库函数生成需要的随机数据，如 srand((unsigned)time(NULL)) 和 rand()，注意要包含头文件 time.h 和 stdlib.h。

3. 圆括号的匹配

按如下功能要求和输入输出样例设计基于指针的程序，判断圆括号匹配是否正确。

功能要求：

（1）主函数：从键盘接收含有圆括号的字符串，假定串长不超过100个字符；调用括号匹配函数并接收返回值，若返回1则打印 true，否则打印 false；循环以上步骤，直到输入空行（仅有回车）时，结束程序。

（2）括号匹配函数：通过函数参数接收输入的字符串；判断输入串中的括号匹配情况，若左括号和右括号总数相等，且自左向右计数的左括号数量总是大于等于右括号数量，则为合法，返回1，否则返回0。

输入输出样例：

```
01  输入包含圆括号的字符串:a((b)(c))
02  圆括号匹配结果:true
03  输入包含圆括号的字符串:)a()()(
04  圆括号匹配结果:false
```

4. 带参数的命令

在系统中以命令输入方式（Windows系统里为"命令提示符"，即 cmd.exe；在 linux 系统里为终端，即 Terminal）运行程序时，在输入程序命令的同一行中可以用空格分隔输入相关的程序参数，作为传递给C程序中 main 函数的参数，这些参数被称为命令行参数。

本题练习用指针处理字符串、指针作命令行参数。按如下功能要求和输入输出样例设计基于指针的程序，实现带参数的命令。

功能要求：

（1）在命令行模式下以如下格式输入包括程序名、参数选项、待连接的若干字符串：

程序名 参数选项 字符串1 字符串2……

（2）该程序将字符串1与之后的字符串以指定的连接符连接起来并打印到屏幕上。

输入输出样例：

```
01  C:\> cl_strcat.exe －Lb Hello world
02  连接后的字符串:Hello world
03  C:\> cl_strcat.exe －L_ Hello world !!
04  连接后的字符串:Hello_world_!!
05  C:\> cl_strcat.exe －L＋Hello world !!
06  连接后的字符串:Hello＋world＋!!
```

编程提示：

（1）main（）函数可以使用不带参数的形式，也可以使用如下两种带参数的形式：

　　int main(int argc, char **argv);

　　int main(int argc, char *argv[]);

其中，参数argc表示从命令行输入的全部字符串的个数，包括执行程序名字符串；第一种形式里的参数argv是指向字符指针的指针，第二种形式中的参数argv是字符指针数组（数组个数为argc），二者是等价的，argv(argv[0])默认指向第一个字符串即程序名字符串的首地址。

（2）在命令行中输入的信息视为多个字符串，每个都是命令行的参数，要能够正确获取、解析、使用输入的信息。第一个字符串是"程序名"；第二个字符串是以"－L"开头的"参数选项"，"－L"后接一个由用户指定的字符作为字符串连接符，以连接后续若干字符串（如：－Lb表示用空格作为字符串连接符，－L_表示用下划线"_"作为连接符，等等）；"参数选项"后面是至少有两个待连接的字符串。

5. 带参数的命令求方差

本题练习用指针处理字符串、指针作命令行参数。按如下功能要求和输入输出样例设计基于指针的程序，实现以命令行参数的方式求一组数据的方差。

功能要求：

（1）通过命令行参数输入若干实数，把这些实数的字符串转换为double类型的数据并存储于动态分配的内存中。

（2）计算并打印这一组double数据的方差。

输入输出样例：

```
01  C:\>fangcha 12 3 5 9
02  输出:12.187500
```

编程提示：

（1）对于随机变量数据方差的计算，分总体方差和样本方差两种。样本（N个数据）方差的无偏估计的计算公式为

$$\sigma^2 = \frac{1}{N-1}\left[\sum_{i=0}^{N-1} x_i^2 - \frac{1}{N}\left(\sum_{i=0}^{N-1} x_i\right)^2\right] \tag{4.1}$$

（2）程序中可使用库函数pow、atof，其原型如下：

#include〈math.h〉

double pow(double x, double y)；　//幂函数，返回x^y

#include〈string.h〉

double atof(const char *str)；　//将字符串str转化为浮点数并返回

4.3　指针与内存操作

指针在C语言中最强大的用法是对内存进行操作。通过这一节的学习，理解并掌握下列知识点及其应用：

（1）动态内存分配的概念，相关库函数的调用方法。

（2）链表的逻辑结构，链表相关数据结构的定义、操作方法及其应用。

（3）流式文件的基本操作和相关库函数的使用，文件相关的应用程序。

4.3.1　程序填空

图书管理系统

假设图书信息存放在文本文件booksinfodata.txt中。文件第一行是表示书籍数量的一个整数n，之后n行每一行对应一本书的具体信息，信息格式为：书号#书名#作者#出版社#出版年#月#日。例如，一个包含3本书的文件内容如下：

```
3
TP312C－43/128#程序设计与计算思维#王雷等编著#电子工业出版社#2022#8#21
TP311.1/264#计算机程序设计学习实践#王雷等编著#中国科学技术大学出版社#2022#8#16
TP312C/K39C(2)# The C programming language ＝ C 程序设计语言# Brian W. Kernighan, Dennis M. Ritchie 著# China Machine Press#2007#11#09
```

按如下功能要求和输入输出样例，结合程序中的注释，补全程序代码，实现一个基于动态数组的图书管理系统。

功能要求：

（1）定义一个图书信息结构体类型来管理图书信息，包括索书号（字符串）、书名（字符串）、作者（字符串）、出版社（字符串）、出版日期（结构体类型，包括年、月、日三个整型成员）。

（2）主函数：调用输入函数；调用输出函数；调用库函数 qsort( )按出版先后时间排序；调用输出函数；调用存储函数；调用库函数 qsort( )按出版社名称顺序排序；调用输出函数；调用存储函数。

（3）输入函数 input( )：从文件 booksinfodata.txt 读入原始书籍信息。

（4）输出函数 output( )：按当前顺序在屏幕上输出每本图书的具体信息。

（5）存储函数 save( )：将排序后的图书信息保存到指定的文本文件中。

程序代码：

```
01  #include 〈stdio.h〉
02  #include 〈string.h〉
03  #include 〈stdlib.h〉
04  #define BUFSIZE 200    //缓冲区大小
05  #define ITEMNUM 7    //图书信息记录的项数
06  //带参宏定义CALDATE将年月日信息合并计算,
07  //方便日期的比较,用于简化程序中表达式的书写:
08  #define CALDATE(st) ( (st).pdate.yyyy * 10000＋(st).pdate.mm * 100＋
     (st).pdate.dd )
09  typedef struct date {    //定义日期结构体类型
10      int yyyy;
11      int mm;
12      int dd;
13  } DATE;
14  typedef struct book {    //定义书籍信息的结构体类型
15      char bn[40];
16      char tittle[80];
17      char author[40];
18      char pub[60];
19      DATE pdate;
20  } BOOK;
21  /* 输入函数:读入书籍信息文件,根据信息数量分配动态内存,并将书籍信
     息写入并返回堆内存指针,指针形参n用于将书籍数量写回 */
22  BOOK *input(int *n) {
23      char buff[BUFSIZE] = {0};
24      const char delimitor[2] = "#";
25      char *token;
26      FILE *fp;
```

```
27      BOOK *books;
28      int num;
29      fp = fopen("booksinfodata.txt", "r");   //打开书籍信息文件
30      if (fp == NULL) {
31          printf("file open failed.\n");
32          exit(0);
33      }
34      _____   //读取文件的第一行到buff中
35      num = atoi(buff);   //将字符串转换为整数，即书籍数量
36      if (num <= 0) {
37          return (NULL);
38      }
39      ____   //通过指针将数字写回主调用函数中的变量booknum
40      ____   //动态分配内存用于存放num个记录
41      for (int i = 0; i < num; i++) {
42          fgets(buff, BUFSIZE, fp);   //读取下一行
43          //按照分隔符delimitor('#')取一个字段
44          token = strtok(buff, delimitor);
45          //将取到的字段按顺序分别存入结构体的不同成员
46          for (int j = 0; j < ITEMNUM && token != NULL; j++) {
47              switch (j) {
48              case 0:
49                  strcpy(books[i].bn, token);
50                  break;
51              case 1:
52                  strcpy(books[i].tittle, token);
53                  break;
54              case 2:
55                  strcpy(books[i].author, token);
56                  break;
57              case 3:
58                  strcpy(books[i].pub, token);
59                  break;
60              case 4:
61                  books[i].pdate.yyyy = atoi(token);
62                  break;
```

```
63              case 5:
64                  books[i].pdate.mm = atoi(token);
65                  break;
66              case 6:
67                  books[i].pdate.dd = atoi(token);
68                  break;
69              }
70              token = strtok(NULL, delimitor);
71          }
72      }
73      return books;    //返回内存块首地址
74  }
75  //输出当前书籍信息:
76  void output(BOOK books[], int n)
77  {
78      for (int i = 0; i < n; i++) {
79          printf("索书号:%s\n", books[i].bn);
80          printf("书名:%s\n", books[i].tittle);
81          printf("作者:%s\n", books[i].author);
82          printf("出版社:%s\n", books[i].pub);
83          printf("出版日期:%d 年%d 月%d 日\n\n",
84              books[i].pdate.yyyy, books[i].pdate.mm,
85              books[i].pdate.dd);
86      }
87  }
88  //将当前书籍信息写入文件
89  void save(BOOK books[], int n, char *filename)
90  {
91      FILE *fp;
92      fp = fopen(filename, "w");
93      if (fp == NULL) {
94          printf("file %s open failed.\n", filename);
95          exit(0);
96      }
97      for (int i = 0; i < n; i++) {
98          fprintf(fp, "索书号:%s\n", books[i].bn);
```

```
99          fprintf(fp, "书名:%s\n", books[i].tittle);
100         fprintf(fp, "作者:%s\n", books[i].author);
101         fprintf(fp, "出版社:%s\n", books[i].pub);
102         fprintf(fp, "出版日期:%d年%d月%d日\n\n",
103             books[i].pdate.yyyy, books[i].pdate.mm,
104             books[i].pdate.dd);
105     }
106 }
107 //比较两本书的出版日期:
108 //供库函数qsort使用的比较函数,参数格式是固定的。注意进行类型转换。
109 int comp_date(const void *b1, const void *b2)
110 {
111     int date1, date2;
112     date1 = CALDATE(*(BOOK *)b1);
113     date2 = CALDATE(*(BOOK *)b2);
114     return (date1 - date2);
115 }
116 //比较两本书的出版社名称:
117 //供库函数qsort使用的比较函数,参数格式是固定的。注意进行类型转换。
118 int comp_pubname(const void *b1, const void *b2)
119 {
120     return (strcmp(((BOOK *)b1)->pub, ((BOOK *)b2)->pub));
121 }
122 int main()
123 {
124     BOOK *books;
125     int booknum;
126     //读入书籍信息存放在books所指向的内存块;
127     //书籍数量由函数参数写回,注意指针型参数用法:
128     books = input(&booknum);
129     //输出排序之前的书籍信息:
130     output(books, booknum);
131     _____    //调用快速排序库函数qsort,按出版日期排序,
132     /*注意函数指针的用法:自定义函数comp_date用于比较两本书的出版日
        期。*/
133     printf("\n————————按出版时间先后顺序—————————\n");
```

```
134    output(books, booknum);   //输出按出版日期排序的书籍信息
135    //保存排序后的书籍信息到文件:
136    save(books, booknum, "booksbydate.txt");
137    _____   //调用快速排序库函数 qsort 按出版社名排序,
138    //注意使用函数指针作参数,comp_pubname 用于比较两本书的出版日期。
139    printf("\n————————按出版社名称顺序——————————\n");
140    output(books, booknum);   //输出按出版社名称排序的书籍信息
141    //将排序后的信息写到文件:
142    save(books, booknum, "booksbypubname.txt");
143    return 0;
144 }
```

输入输出样例:

```
01  索书号:TP312C—43/128
02  书名:程序设计与计算思维
03  作者:王雷等编著
04  出版社:电子工业出版社
05  出版日期:2022年8月21日
06
07  索书号:TP311.1/264
08  书名:计算机程序设计学习实践
09  作者:王雷等编著
10  出版社:中国科学技术大学出版社
11  出版时间:2022年8月16日
12
13  ……
14  ————————按出版时间先后顺序——————————
15  索书号:TP312C/K39C(2)
16  书名:The C programming language = C 程序设计语言
17  作者:(美) Brian W. Kernighan, Dennis M. Ritchie 著
18  出版社:China Machine Press
19  出版日期:2007年11月09日
20
21  ……
22  ————————按出版社名称顺序——————————
23  索书号:TP312C/K39C(2)
```

24	书名：The C programming language ＝ C 程序设计语言
25	……

编程提示：

（1）带参数的宏定义参见配套教材附录 E.1"宏替换"。

（2）C 语言中可以使用 typedef 关键字为数据类型创建别名（详见配套教材附录 B.2），别名的用法和原类型名完全相同。若为结构体类型创建别名，则该别名已经涵盖了 struct 关键字在内，因此在使用别名时不需要再写 struct 关键字。

（3）快速排序库函数 qsort（）的声明如下：

    void qsort（void *base，　//指向要排序的数组的第一个元素的指针
    size_t nitems，　 //由 base 指向的数组中元素的个数
    size_t size，　//数组中每个元素的大小，以字节为单位
    int（*compar）（const void *，const void*））/*用来比较两个元素的函数
    头文件：〈stdlib.h〉*/

（4）字符串分割处理库函数 strtok（）的声明如下：

    char *strtok　（char *str，　//待分解字符串
    const char *delim）//分隔符
    //头文件：〈string.h〉

返回值：返回被分解的第一个子字符串，如果没有可检索的字符串，则返回一个空指针。

4.3.2　自主编程

1. 统计单词

本题练习文件、字符串、指针。按如下功能要求，先画出流程图，再根据输入输出样例设计程序，统计一个文本文件中出现的次数最多的前 10 个单词。

功能要求：

（1）打开自己指定的一个仅包含英文的文本文件。

（2）统计其中出现次数最多的前 10 个单词，这里的单词指的是由连续的大小写字母构成的字符串，仅有大小写字母不同的单词视为同一单词，其他符号都视为单词分隔符。

（3）按出现次数从高到低打印这些单词（仅使用小写字母）。

输入输出样例：输入来自一个文本文件，这里仅输出统计后的结果。

01	the 40
02	and 25
03	of 23
04	in 17

```
05 | university 16
06 | science 11
07 | research 9
08 | ustc 8
09 | china 7
10 | technology 7
```

编程提示：

(1) 可将文件中的内容读入到一个字符数组中进行处理。

(2) 读数据时可做适当预处理，例如删除多余的空格。

(3) 可设计如下所示的结构体数组存储出现的单词及数量：

```
struct WORDCOUNT{
    char word[20];
    int count;
};
```

在首次读取单词时将单词逐个写入 word 成员中，并将 count 的值赋为 1。

(4) 以上数组的大小应合理设置，以防溢出。

2. 多项式合并

一个多项式可以表示为一个二元组序列 $\{(a_1, e_1), (a_2, e_2), \cdots, (a_n, e_n)\}$，其中 a_i 表示第 i 项的系数，e_i 表示第 i 项的指数。

本题练习链表的操作。按如下功能要求和输入输出样例设计基于链表的程序，实现多项式合并功能。

功能要求：

(1) 主函数：调用两次多项式输入函数并分别接收返回的链表头指针；调用多项式合并函数，传入上述两个链表的头指针并接收返回的链表头指针；调用多项式打印函数。

(2) 多项式输入函数：创建一个空链表，从键盘先输入多项式中非零项的个数，再按指数从高到低的顺序输入每一个非零项的系数和指数，所有输入数据都是绝对值不超过 1000 的整数，数字间仅以空格分隔；每输入一项，都用尾插法将其插入到链表中；当完成创建多项式链表后，返回其头指针。

(3) 多项式合并函数：通过函数参数接收两个多项式链表的头指针，合并两个多项式链表的同指数项后，返回结果链表的头指针。

(4) 多项式打印函数：通过函数参数接收一个多项式链表的头指针，逐个结点打印多项式的系数和指数。

输入输出样例:

01	输入第1个多项式系数与指数:4 3 4 −5 2 6 1 −2 0
02	输入第2个多项式系数与指数:3 5 20 −7 4 3 1
03	两个多项式合并后:5 20 −4 4 −5 2 9 1 −2 0

编程提示:

（1）本题链表结点数据结构可定义为

```
struct PolyNode{
    int a;      //系数
    int e;      //指数
    PolyNode * next;    //指向下一个结点
};
```

（2）多项式合并时,基本思路是逐个摘取其中一条链(第二条链)中的节点合并到另一条链(第一条链)中去,从而得到一条新链表,第二条链表逐步变短,直到没有。由于两条链表中各项是有序的,因此可以考虑保序合并(摘取合并时,保证新链表的节点的指数始终有序),若有相同的指数项,应把系数相加而合并成一个节点。

（3）若某项的系数相加为零,应当从链表中删除。

3.缓存管理程序

缓存(Cache)广泛应用于计算机软硬件系统中。简单来说,缓存就是数据交换的缓冲区,是临时存储数据的地方。这些数据可能会在多个应用之间共享,通常会被频繁使用和替换,且数量可能变化很大。为此,需要设计缓存管理方案,以适应灵活多变的应用。

本题模拟内存中的缓存(也称为内存池)管理操作,通过设计一组服务函数,实现类似于链表的小块内存的分配和回收等功能。

按如下功能要求和输入输出样例,结合注释补充完整程序,实现缓存管理功能。

功能要求:

（1）主函数:调用初始化缓存函数;分别调用申请内存块函数及回收内存块函数,并在过程中打印缓存的使用情况;最后释放缓存。

（2）初始化缓存函数initMemPool():通过调用动态内存分配库函数得到一块大小为10240字节的内存池;把内存池分割成如图4.1所示的10个空闲内存块,在每一块的起始位置用一个指针记录下一块的地址;然后把这些空闲内存块构成单链表,最后一块的指针变量位置记录空指针,代表链表尾。

（3）申请内存块函数getBlock():如果空闲块数大于0,则从链表头部取一个空闲块,同时空闲块数量减1,返回其起始指针。

（4）回收内存块函数putBlock():将回收的内存块加入空闲块链表的头部,空闲块数量加 1。

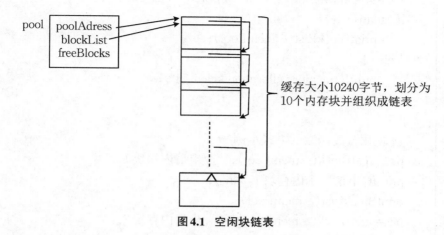

缓存大小10240字节，划分为
10个内存块并组织成链表

图4.1　空闲块链表

程序代码：

```
01  #include〈stdio.h〉
02  #include〈malloc.h〉
03  #include〈stdlib.h〉
04  #define BLOCK_SIZE 32    //空闲块大小(字节)
05  #define BLOCK_NUM 10     //空闲块数量
06  #define POOL_SIZE(BLOCK_SIZE * BLOCK_NUM)    //缓存区大小(字节)
07  typedef unsigned char (*Tblkptr)[BLOCK_SIZE];    //块指针类型定义
08  typedef struct {    //缓存区类型定义
09      void *poolAddress;    //缓存区起始指针
10      Tblkptr blockListHead;    //缓存区的空闲块链表头指针
11      int nFreeBlocks;    //空闲块数量
12  } Tpool;
13  /* 函数声明 */
14  int initMemPool(Tpool *, int);
15  void *getBlock(Tpool *);
16  void putBlock(Tpool *, void *);
17  void printBlockList(Tpool *pool);
18  int main()
19  {
20      Tpool memPool;
21      void *p1, *p2, *p3;
22      int status;
```

```
23          status = initMemPool(&memPool, POOL_SIZE);
24          if (status) {
25              printBlockList(&memPool);
26          } else {
27              printf("memory allocation failed.\n");
28              exit(0);
29          }
30          /* 使用分配函数的方式示例 */
31          p1 = getBlock(&memPool);    //申请内存块1
32          printf("申请一个内存块1。\n");
33          printBlockList(&memPool);
34          p2 = getBlock(&memPool);    //申请内存块2
35          printf("申请一个内存块2。\n");
36          printBlockList(&memPool);
37          p3 = getBlock(&memPool);    //申请内存块3
38          printf("申请一个内存块3。\n");
39          printBlockList(&memPool);
40          putBlock(&memPool, p2);    //回收内存块2
41          printf("回收内存块2。\n");
42          printBlockList(&memPool);
43          putBlock(&memPool, p3);    //回收内存块3
44          printf("回收内存块3。\n");
45          printBlockList(&memPool);
46          putBlock(&memPool, p1);    //回收内存块1
47          printf("回收内存块1。\n");
48          printBlockList(&memPool);
49          free((void *)(memPool.poolAddress));
50          return 0;
51      }
52  /* 初始化缓存区的函数 */
53  int initMemPool(Tpool *pool, int size)
54  {
55      //补充代码：
56  }
57  /* 输出缓存区中当前空闲块链表(块地址) */
58  void printBlockList(Tpool *pool)
```

```
59  {
60      Tblkptr *pblink;
61      int i = 0;
62      if (! pool->blockListHead) {
63          printf("null list.\n");
64          exit(0);
65      }
66      pblink = (Tblkptr *)pool->blockListHead;
67      while (pblink) {
68          printf("block#%2d, address:0X%p\n", i++, pblink);
69          printf("\tnext-> \t%p\n", (void *)(*pblink));
70          pblink = (Tblkptr *)(*pblink);
71      }
72      printf("————\n\n");
73  }
74  /* 分配一个空闲块,返回块指针 */
75  void *getBlock(Tpool *pool)
76  {
77          //补充代码:
78  }
79  /* 回收一个内存块到缓存区 */
80  void putBlock(Tpool *pool, void *p)
81  {
82          //补充代码:
83  }
```

输入输出样例:

```
01  block# 0, address:0X00000000001E13E0
02  next->       00000000001E1400
03  block# 1, address:0X00000000001E1400
04  next->       00000000001E1420
05  block# 2, address:0X00000000001E1420
06  next->       00000000001E1440
07  block# 3, address:0X00000000001E1440
08  next->       00000000001E1460
09  block# 4, address:0X00000000001E1460
```

```
10  next—>          00000000001E1480
11  ——————————————————————————————————————————
12  申请一个内存块1:0X00000000001E13E0
13  block# 0, address:0X00000000001E1400
14  next—>          00000000001E1420
15  block# 1, address:0X00000000001E1420
16  next—>          00000000001E1440
17  block# 2, address:0X00000000001E1440
18  next—>          00000000001E1460
19  block# 3, address:0X00000000001E1460
20  next—>          00000000001E1480
21  ——————————————————————————————————————————
22  申请一个内存块2:0X00000000001E1400
23  block# 0, address:0X00000000001E1420
24  next—>          00000000001E1440
25  block# 1, address:0X00000000001E1440
26  next—>          00000000001E1460
27  block# 2, address:0X00000000001E1460
28  next—>          00000000001E1480
29  ——————————————————————————————————————————
30  申请一个内存块3:0X00000000001E1420
31  block# 0, address:0X00000000001E1440
32  next—>          00000000001E1460
33  block# 1, address:0X00000000001E1460
34  next—>          00000000001E1480
35  ——————————————————————————————————————————
36  回收内存块2:0X0000000001E1400
37  block# 0, address:0X00000000001E1400
38  next—>          00000000001E1440
39  block# 1, address:0X00000000001E1440
40  next—>          00000000001E1460
41  block# 2, address:0X00000000001E1460
42  next—>          00000000001E1480
43  ——————————————————————————————————————————
44  回收内存块3:0X0000000001E1420
45  block# 0, address:0X00000000001E1420
```

```
46   next—>          00000000001E1400
47   block# 1, address:0X00000000001E1400
48   next—>          00000000001E1440
49   block# 2, address:0X00000000001E1440
50   next—>          00000000001E1460
51   block# 3, address:0X00000000001E1460
52   next—>          00000000001E1480
53   ————————————————————————————————
54   回收内存块1:0X00000000001E13E0
55   block# 0, address:0X00000000001E13E0
56   next—>          00000000001E1420
57   block# 1, address:0X00000000001E1420
58   next—>          00000000001E1400
59   block# 2, address:0X00000000001E1400
60   next—>          00000000001E1440
61   block# 3, address:0X00000000001E1440
62   next—>          00000000001E1460
63   block# 4, address:0X00000000001E1460
64   next—>          00000000001E1480
65   ————————————————————————————————
```

4.4 综合练习

　　综合利用课程有关知识,围绕某一主题或应用,设计功能相对完善、性能较好的小型应用程序。通过综合实践巩固和提高系统级编程技术,进一步思考和拓展到相关项目,提升系统级程序设计能力和应用能力。

4.4.1 计算思维实训(3)

　　本节针对若干种计算的方法与技巧进行训练,为读者将来进行算法设计与实现打下基础。其中的"思考与选做"问题可能涉及较为深入的计算机科学领域知识,有较好计算机基础且感兴趣的读者可以尝试解决问题。

1. 基于表格的计算:DNA序列的翻译

问题描述:

DNA序列由 A、C、U、G 四种核苷酸组成。每三个连续的核苷酸会按照图4.2所示的密码子表翻译为氨基酸,从而生成发挥生物学功能的蛋白质。翻译过程采用一一对应的查表匹配即可,如 UUU 翻译为 phe,UAA 翻译为 STOP,GAU 翻译为 asp。

First Position		Seconed Position						Third Position
	U		C		A		G	
	code	Amino Acid	code	Amino Acid	code	Amino Acid	code	Amino Acid	
U	UUU	phe	UCU	ser	UAU	tyr	UGU	cys	U
	UUC		UCC		UAC		UGC		C
	UUA	leu	UCA		UAA	STOP	UGA	STOP	A
	UUG		UCG		UAG	STOP	UGG	trp	G
C	CUU	leu	CCU	pro	CAU	his	CGU	arg	U
	CUC		CCC		CAC		CGC		C
	CUA		CCA		CAA	gln	CGA		A
	CUG		CCG		CAG		CGG		G
A	AUU	ile	ACU	thr	AAU	asn	AGU	ser	U
	AUC		ACC		AAC		AGC		C
	AUA		ACA		AAA	lys	AGA	arg	A
	AUG		ACG		AAG		AGG		G
G	GUU	val	GCU	ala	GAU	asp	GGU	gly	U
	GUC		GCC		GAC		GGC		C
	GUA		GCA		GAA	gli	GGA		A
	GUG		GCG		GAG		GGG		G

图 4.2 密码子表

编程时可考虑如下两种存放氨基酸信息的思路:

(1)采用一维字符指针数组存放 DNA 序列和氨基酸序列及其对应关系,如 char *amino [2*STRLEN*STRLEN*STRLEN]={"UUU","phe","UUC","phe"…};通过扫描 DNA 序列获取可翻译的 DNA 片段,通过字符串比较进行翻译。

(2)采用三维字符指针数组按序存放上述表格中的氨基酸序列,如 char *amino [STRLEN][STRLEN][STRLEN]={"phe","phe","leu"…};,扫描 DNA 序列,通过单个 DNA 符号计算获得数组下标,完成翻译。

实训要求:

分别按照上述两种思路编程实现 DNA 序列到氨基酸序列的翻译功能,功能描述如下:

输入:一段 DNA 序列"ACGUUUAGGGACCACACACACACUUGAGAGAGAGACUUUUAA";

输出:每个 DNA 片段翻译作为一行输出,形如 ACG—thr;

要求:当遇到停止(STOP)序列时,后续翻译则不再进行。

寻找一段更长的 DNA 序列作为输入,比较分析两种思路的执行效率。

2. 基于统计的计算：红楼梦的作者是谁

问题描述：

每个人的写作风格不同，在字词层面往往体现为一些常用字词或者特定字词的使用频率或者组合情况具有一定的规律。因此，一种非常简单的识别文章作者的思路就是在该作者已知的文章中选择并统计某些字词的使用频率或组合规律，将其与未知作者的文字中对应字词的规律进行比较，以此判断文章是某位作者的可能性。当选择的字词合适时，只需要很少的字词就可以达到很高的识别准确率。

实训要求：

通过查阅资料和思考，使用模块化方法设计与实现基于统计的特定作者识别程序，功能及流程包括：

（1）首先设计实现基于统计的方法选择字词的方案。

（2）然后选择 3 位作者，从每位作者的若干篇文章中选出合适的字词。

（3）最后用这些作者多篇其他的文章进行准确率验证。

思考与选做：

（1）上述思路虽然简单，但是没有进行理论证明，适用性比较差。读者如有兴趣可自行了解更多相关的理论与实验方法，并考虑如何对程序进行优化。

（2）了解基于机器学习的机器翻译方法，尝试理解其设计思想、存在的问题（生草翻译的由来）与解决思路。

3. 基于位的计算：自选车牌号

问题描述：

本题的灵感来自于《编程珠玑（第 2 版）》中美国免费电话查询的例子。机动车的车牌号等信息存储在数据库中，当用户购买了一辆新车想要自选车牌号时，需要查询数据库中是否已有相同的车牌号存在。为提高查询效率，一种可能的设计方案是每次查询都从数据库中导出已存在的车牌号，生成一个文件。已知车牌号由数字 0～9 和 A～Z 等 24 个大写字母任意组合而成（字母 I 和 O 不允许使用，实际还有一些其他规定，此处忽略），当已有的车牌号数量很大时，需要对这个文件进行专门的数据设计，才能保证查询效率。

实训要求：

原例中基于位（bit）设计了数据的存储方案，与常规的快速排序等方法相比，大幅提高了算法的时间效率和空间效率。请尝试针对车牌号设计文件中的数据存储方式，然后设计实现具有如下功能的程序：

（1）按问题描述中的车牌号规则随机产生 20 万个车牌号并存储在一个文件中。

（2）读出该文件的内容并按基于位的数据存储方式将其存储在另一个文件中。

（3）从键盘或文件输入 5 个车牌号，查询是否已存在。

（4）再随机产生 100 个车牌号，查询是否已存在。

4.4.2 字符串运算器

本题练习字符串操作、二维字符数组、指针。按如下的功能要求和输入输出样例，参考功能菜单及函数原型样例设计程序，实现字符串运算器。

功能要求：

（1）不得使用字符串类库函数，要求自定义函数，使用指针完成对字符串的操作。

（2）采用二维字符数组存放一个样本字符串和操作结果。

（3）参考以下的函数原型实现菜单中的功能函数。

功能菜单及函数原型样例：

0——退出程序

1——输入字符串

    void StrGet(char *s)；

2——显示字符串

    void StrPut(char *s)；

3——求字符串长度：不包括字符串结束标志

    int StrLen(char *s)；

4——连接字符串：将t连接到s后面，结果保存在s中

    void StrCat(char *s, char *t)；

5——比较字符串

    int StrCmp(char *s, char *t)；

6——复制字符串：将t复制到s中

    void StrCpy(char *s, char *t)；

7——插入字符串：将t插入到s的下标pos指示的位置

    void StrIns(char *s, int pos, char *t)；

8——取子串：将s中从下标pos开始的n个字符组成字符串保存在t中

    void StrSub(char *s, int pos, int n, char *t)；

9——查找子串：求t在s中第一次出现的位置下标，不存在则返回−1

    int StrStr(char *s, char *t)；

10——置换子串：将s中出现的v用t置换，v和t可能不等长

    int StrReplace(char *s, char *v, char *t)；

11——自定义操作（选做，若有多项功能，可按照顺序自行安排菜单编号）

输入输出样例：

01	**************************
02	字符串运算器
03	**************************

```
04        ****** 0—退出程序  ******
05        ****** 1—输入字符串  ******
06        ****** 2—显示字符串  ******
07        ****** 3—求字符串长度 ******
08        ****** 4—连接字符串  ******
09        ****** 5—比较字符串  ******
10        ****** 6—复制字符串  ******
11        ****** 7—插入字符串  ******
12        ****** 8—取子串     ******
13        ****** 9—查找子串   ******
14        ****** 10—置换子串   ******
15        ****** 11—自定义操作 ******
16        ****************************
17        选择操作:1
18  输入字符串存储到哪一行(0~99):0
19  输入一行字符串(最长200):Welcome to USTC!
20        ****************************
21                字符串运算器
22        ****************************
23        ****** 0—退出程序  ******
24         ****** 1—输入字符串  ******
25        ****** 2—显示字符串  ******
26        ****** 3—求字符串长度 ******
27        ****** 4—连接字符串  ******
28        ****** 5—比较字符串  ******
29        ****** 6—复制字符串  ******
30        ****** 7—插入字符串  ******
31        ****** 8—取子串     ******
32        ****** 9—查找子串   ******
33        ****** 10—置换子串   ******
34        ****** 11—自定义操作 ******
35        ****************************
36        选择操作:2
37  显示哪一行字符串(0~99):0
38  Welcome to USTC!
```

编程提示：

二维数组的行要足够长，避免操作数和操作结果字符串越界。

4.4.3 学生信息管理系统

本题练习链表与文件操作。按如下的功能要求和输入输出样例实现学生信息管理系统。

功能要求：

（1）用单链表描述和管理学生信息。

（2）学生信息至少应包括学号（整型）、姓名（字符串）、性别（字符型）、年龄（整型）、成绩（浮点型）。

（3）使用二进制文件保存学生信息，以提高访问和存储效率。

（4）实现以下的菜单中列举的功能。

功能菜单样例：

0—退出程序

1—创建学生记录链表

（1）头插法。

（2）尾插法。

（3）创建按学号有序链表。

（4）打开学生信息文件创建链表。

2—打印全部学生记录

3—插入一条新的学生记录

（1）按指定位序插入。

（2）在有序链表中插入。

4—按条件删除一条学生记录

（1）删除指定位置的记录。

（2）删除指定学号的记录。

5—按学号查找学生记录

6—统计

（1）统计学生人数。

（2）统计学生的平均成绩和最高分。

（3）统计不及格人数。

7—销毁学生链表

8—将学生信息写入磁盘文件

（1）重写学生文件。

（2）追加学生文件。

（3）清空学生文件。

9—其他自选功能

输入输出样例：

```
01    ***********************************
02              学生信息管理系统
03    ***********************************
04    ****** 0—退出程序            ******
05    ****** 1—创建学生记录链表      ******
06    ****** 2—打印全部学生记录      ******
07    ****** 3—插入一条新学生记录    ******
08    ****** 4—按条件删除一条学生记录 ******
09    ****** 5—按学号查找学生记录    ******
10    ****** 6—统计               ******
11    ****** 7—销毁学生链表         ******
12    ****** 8—将学生信息写入磁盘文件 ******
13    ****** 9—自定义操作          ******
14    ***********************************
15        选择操作:1
16   16
17        ================
18              创建学生记录链表
19        ================
20        ===1—头插法      ===
21        ===2—尾插法      ===
22        ===3—按学号有序   ===
23        ===4—从文件创建   ===
24        ================
25        选择操作:1
26  输入学生的学号(0结束):1
27  输入学号为1的同学姓名 性别 年龄 成绩:li M 20 96
28  输入下一位学生的学号(0结束):2
29  输入学号为2的同学姓名 性别 年龄 成绩:xu F 21 98
30  输入下一位学生的学号(0结束):0
31    ***********************************
32              学生信息管理系统
33    ***********************************
```

34	****** 0—退出程序	******
35	****** 1—创建学生记录链表	******
36	****** 2—打印全部学生记录	******
37	****** 3—插入一条新学生记录	******
38	****** 4—按条件删除一条学生记录	******
39	****** 5—按学号查找学生记录	******
40	****** 6—统计	******
41	****** 7—销毁学生链表	******
42	****** 8—将学生信息写入磁盘文件	******
43	****** 9—自定义操作	******
44	**	
45	选择操作:2	
46	学号:2	
47	姓名:xu	
48	性别:F	
49	年龄:21	
50	成绩:98.000000	
51	学号:1	
52	姓名:li	
53	性别:M	
54	年龄:20	
55	成绩:96.000000	

第5章 综合测试题

5.1 综合测试(1)

一、单选题(每小题1分,共10分)

1. 与数学公式 $3x^n/(2x-1)$ 对应的C语言表达式是( )。

    A. 3*x^n/(2*x-1)
        B. 3*x** n/(2*x-1)

    C. 3*pow(x,n)/(2*x-1)
    D. 3*pow(n,x)*(2*x-1)

2. 设a为整型变量,不能正确表达数学关系 $10<a<15$ 的C语言表达式为( )。

    A. 10<a<15
        B. a==11||a==12||a==13||a==14

    C. a>10&&a<15
        D. !(a<=10)&&!(a>=15)

3. 下列关于if语句结构说法错误的是( )。

    if(表达式)语句1;else 语句2;

    A. "表达式"可以是任何表达式

    B. 当语句2为空时,"else 语句2;"可以省略

    C. 语句1或语句2可以是复合语句,不可以是空语句

    D. else总是与同一语法层次中离它最近的尚未配对的if配对

4. 若已定义 x 和 y 为double型, $x=1$,则表达式 $y=x+3/2$ 的值是( )。

    A. 1
    B. 2.0
    C. 2
    D.2.5

5. 若int a[]={1,2,3,4,5,6,7,8,9,10},*p=a;则值为3的表达式是( )。

    A. p+=2, *p++
        B. p+=2,*++p

    C. p+=3 , *p++
        D. p+=2,++*p

6. 设int(*ptr)[10];其中的ptr是( )。

    A. 10个指向整型变量的指针

    B. 指向10个整型变量的函数指针

    C. 一个指向具有10个元素的一维数组的指针

    D. 具有10个指针元素的整型数组

7. 设有定义:double x;则以下正确的输入语句是( )。

    A. scanf("%f", x)
        B.scanf("%lf", &x)

    C. scanf("%lf", x)
        D.scanf("%lf", %x)

8. 字符串常数"xiaoli"在内存占用的字节数是(   )。

　A. 6　　　　　　　　B. 7　　　　　　　　C. 8　　　　　　　　D. 32

9. C程序由函数组成,关于C语言函数的说法错误的是(   )。

　A. 除整型函数外,其他类型函数必须在定义时给以类型说明

　B. 函数原型说明语句必须给出函数类型的说明

　C. 函数不仅可以递归调用,也可以递归定义

　D. 函数类型决定返回值的类型

10. 以下调用scanf函数给变量a输入数值的方法是错误的,其原因是(   )。

```
int main()
{
    int a, *p, *q, b; p = &a;
    printf("input a:");
    scanf("%d", *p);
    ......
}
```

　A. *p 表示的是指针变量p的地址

　B. *p 表示的是变量a的值,而不是变量a的地址

　C. *p 表示的是指针变量p的值

　D. *p 只能用来说明p是一个指针变量

二、填空题(每空1分,共10分)

1. 变量存储类别,从作用域角度分有_____变量和_____变量。

2. 设整型变量x, y, z均为5:执行$x -= y - z$后,$x =$_____。

3. 设m, n, a, b, c, d均为0,执行$(m = a == b) \parallel (n = c == d)$后,$m, n$的值分别为:_____,_____。

4. 若有定义:int $a = 1, b = 2$;

　执行printf("%d\n", (a = ++b, a + 5, a/5));的结果为_____。

5. 设ch是char型变量,其值为'A',则执行语句

　ch = (ch >= 'A' && ch <= 'Z') ? (ch+32) : ch;后,ch的值为_____。

6. 若有定义:int $x = 3, y = 5$;

　执行printf("%d\n", (x >= y >= 2)) ? 1 : 0);的结果为_____。

7. 若定义i,j为int型,则一下程序段中内循环体的执行次数为_____。

```
for (i = 5; i; i--) {
    for (j = 0; j < 4; j++) {
        ...
    }
}
```

8. 设有定义语句

```
Struct {
    int x;
    int y;
} d[2] = {{1, 3}, {2, 7}};
```

则 printf("%d\n", d[0].y / d[0].x * d[1].x)的输出是_____。

三、阅读程序题(阅读程序后写出运行结果,每题5分,共35分)

1.

```
#include <stdio.h>
int main()
{
    int a, b;
    for (a = b = 1; a <= 100; a = a+1) {
        if (b >= 10) {
            printf("%d\n", b);
            break;
        }
        if (b % 3 == 1) {
            printf("%d\n", b = b+3);
            continue;
        }
    }
    printf("%d\n", a);
    return 0;
}
```

2.

```
#include <stdio.h>
int main()
{
    int i = 0, j, n = 7788, base = 8, num[20];
    do {
        i++;
        num[i] = n % base;
        n = n / base;
    } while (n != 0);
    for (j = i; j >= 1; j--) {
```

```c
        printf("%d", num[j]);
    }
    printf("\n");
    return 0;
}
```

3.
```c
#include <stdio.h>
int n = 2;
int fun(int n) {
    int a = 1;
    static int m = 5;
    m = n + m + a;
    printf("%4d%4d\n", n, a);
    return (m);
}
int main()
{
    int a = 1;
    printf("%4d\n", fun(n + fun(a)));
    return 0;
}
```

4.
```c
#include <stdio.h>
int main()
{
    int k = 1;
    char c = 'A';
    do {
        switch (++c) {
        case 'A': k++; printf("%4d", k); break;
        case 'B': k--; printf("%4d", k);
        case 'C': k += 2; printf("%4d", k); break;
        case 'D': k % 2; printf("%4d", k); break;
        case 'E': k = k * 2; printf("%4d", k); break;
        default: k = k / 3; printf("%4d", k);
        }
```

```c
    } while (c < 'E');
    printf("\n");
    return 0;
}
```

5.

```c
#include <stdio.h>
void write_it(char *s) {
    printf("%s\n", s);
    if (*s != 'a') {
        write_it(s+1);
    }
    putchar(*s);
}
int main()
{
    char str[40] = "image";
    write_it(str);
    printf("\n");
    return 0;
}
```

6.

```c
#include <stdio.h>
#define SWAP(x, y) temp = x; x = y; y = temp
void swap(int *p, int *q)
{
    int temp;
    temp = *p; *p = *q; *q = temp;
}
int main()
{
    int a = 1, b = 3, *p = &a, *q = &b, *temp;
    printf("%d,%d\n", *p, *q);
    SWAP(p, q);
    printf("%d,%d\n", *p, *q);
    swap(p, q);
    printf("%d,%d\n", *p, *q);
```

```
    return 0;
  }
```

7.

```
#include <stdio.h>
int main()
{
  int a[2][3] = {{1, 2, 3}, {4, 5, 6}};
  int b[3][2] = {{3, 2}, {2, 0}, {1, 4}};
  int i, j, k, sum = 0, c[2][3];
  for (i = 0; i < 2; i++) {
    for (j = 0; j < 2; j++) {
      for (c[i][j] = k = 0; k < 3; k++) {
        c[i][j] += a[i][k] * b[k][j];
      }
    }
  }
  for (i = 0; i < 2; i++) {
    for (j = 0; j < 2; j++) {
      printf("%d\t", c[i][j]);
      if (i == j || i+j == 1) {
        sum += c[i][j];
      }
    }
    printf("\n");
  }
  printf("%d\n", sum);
  return 0;
}
```

四、程序填空题(每空1分,共15分)

1. 下面程序的功能是通过调用函数 f 计算代数多项式当 a=1.7 时的值。代数多项式为：1.1+2.2*a+3.3*a*a+4.4*a*a*a+5.5*a*a*a*a,根据程序功能填空。

```
#include <stdio.h>
double f(double x, (1)_____) {
  double y = a[0], t = 1;
  int i;
  for (i = 0; i < n - 1; i++) {
```

```
        t = __(2)__;
        y = y+a[i+1] * t;
    }
    return (__(3)__);
}
int main( ) {
    double b[5] = {1.1, 2.2, 3.3, 4.4, 5.5};
    printf("%lf\n", f(1.7, b, 5));
    return 0;
}
```

2. 函数 YangHui 的功能,是把杨辉三角形的数据赋给二维数组的下半三角,形式如框内所示,其构成规律是:

(1) 第 0 列元素和主对角线均为 1。

(2) 其余元素为其左上方和正上方元素之和。

(3) 数据的个数每行递增 1。

请将程序补充完整。

1
1 1
1 2 1
1 3 3 1
1 4 6 4 1
… … … … …

```
#define N 6
void YangHui(int x[N][N]) {
    int i, j;
    x[0][0] = 1;
    for (i = 0; i < N; i++) {
        x[i][0] = __(4)__ = 1;
        for (j = 1; j < i; j++) {
            x[i][j] = __(5)__;
        }
    }
}
```

3. 本程序首先定义三个函数:

(1) string_to_list 函数,根据一个字符串创建一个链表,每一结点存储一个字符。

(2) print_list 函数,用于输出链表。

(3) concatenate_list 函数,功能为将两个链表连接在一起。

在 main 主函数中通过调用以上函数,建立存储"zhang"的链表 a 和存储"san"的链表 b;然后完成将 b 链表连接到 a 链表之后,最后打印输出连接之后的 a 链表,输出结果应为"zhangsan"。请根据程序功能填空。

```
#include ⟨stdio.h⟩
struct list {
```

```
    char data;
    struct list * next;
};
struct list* string_to_list(char s[]);
struct list* concatenate_list(struct list * a, struct list * b);
void print_list(struct list * a );
int main()
{
    struct list *head1, *head2;
    char s[] = "zhang", t[] = "san";
    head1 = string_to_list(s);
    head2 = string_to_list(t);
    concatenate_list(head1, head2);
    print_list(head1);
    return 0;
}
struct list *string_to_list(char s[]) {
    struct list * head = NULL, *p; int i;
    if (s[0] ! = '\0') {
        head = (6)_____;
        head -> data = s[0];
        p = head;
        for (i = 1; s[i] ! = '\0'; ++i) {
            p->next = (7)_____;
            p = (8)_____;
            p->data = s[i];
        }
        p->next = (9)_____;
    }
    return((10)_____);
}
struct list * concatenate_list(struct list * a, struct list * b) {
    struct list *p = a;
    if (p == NULL) {
        (11)_____;
    } else {
```

```
        while (p—>next！＝NULL) {
            (12)        ;
        }
        p—>next ＝ (13)        ;
    }
    return a;
}
void print_list( struct list *head) {
    struct list *p ＝head;
    if( p＝＝ NULL) {
        printf("NULL！ \n");
    } else {
        do {
            printf("%c", p—>data);
            (14)        ;
        } while( (15)        );
        printf("\n");
    }
}
```

五、程序设计题(第1题10分,第2题20分,共30分)

1. 有移位编码算法函数,对一个无符号整数的各位数字按如下规则进行编码:0编码为1,1编码为2,…,8编码为9,9编码为0,如果最高位为9则保持其不变,编码后的数据作为返回值。请用流程图描述以上算法。

2. 建立一个100人的人口普查信息表,其中包括姓名、年龄、性别、职业及地址,相应结构体类型定义如程序所示。要求在主函数中定义结构体数组,并实现以下指定功能的用户自定义函数:

(1) 定义 read 函数,从键盘读入普查人员的五项数据。

(2) 定义 udf_cmpstr 字符串比较函数(注:功能必须由自己具体定义实现,不要直接或间接通过调用库函数)。

(3) 定义 sort 函数,按姓名以递升顺序排序。

(4) 定义 print 函数,将排序后的普查信息表输出到 person_list 文件长期保存。

(5) 定义 binarysearch 函数,以二分查找(亦称折半查找)方式实现按姓名查找该人员在人口普查信息表中的位置,若没有找到则返回−1,表示查找失败。

编写 main 函数,依次调用以上各功能函数,完成具体应用编程。其中调用 binarysearch 函数时,假设查找对象的姓名为"xiaoli",返回主函数后即打印输出该人员在信息表中的位置,若没有找到则提示"notfound!"信息。

```
#include 〈stdio.h〉
#define N 100
#define PERSON struct person
struct person {
    char name[30];
    int age;
    char sex, job[30], addr[40];
}
```

5.2 综合测试(2)

一、单选题(每小题1分,共10分)

1.计算机可以进行自动处理的基础是(   )。
    A.存储程序   B.快速运算   C.计算精度高   D.能进行逻辑判断

2.计算机的通用性使其可以求解不同的算术和逻辑问题,这主要取决于其(   )。
    A.高速运算   B.指令系统   C.可编程性   D.存储功能

3.在计算机内部用于表示数据和指令的是(   )编码。
    A.十进制码   B.二进制码   C.ASCII 码   D.汉字编码

4.计算机进行数值计算时的高精度主要取决于(   )。
    A.计算速度   B.内存容量   C.外存容量   D.基本字长

5.已知字母 A 的 ASCII 码为十进制数65,且c2为字符型,则执行语句c2 = 'A'+ '6' - '3'后,c2中的值为(   )。
    A.D   B.68   C.不确定   D.'C'

6.设已有定义:char a[5],*p = a;则下面的选项中正确的赋值语句是(   )。
    A.p = "abcd";   B.a = "abcd";   C.*p = "abcd";   D.*a = "abcd";

7.以下错误的描述是(   )。
    A.break 语句不能用于循环语句和 switch 语句外的任何其他语句
    B.在 switch 语句中使用 break 和 continue 语句的作用相同
    C.在循环语句中使用 continue 语句是为了结束本次循环
    D.在循环语句中使用 break 语句是为了使流程跳出循环体,提前结束循环

8.设有定义:double x;则以下正确的输入语句是(   )。
    A.scanf("%f", x);   B.scanf("%f", &x);
    C.scanf("%lf", &x);   D.scanf("%lf", x);

9.以下对于运算符优先顺序的描述中正确的是(   )。
    A.关系运算符<算术运算符<赋值运算符<逻辑与运算符
    B.逻辑与运算符<关系运算符<算术运算符<赋值运算符

C. 赋值运算符<逻辑与运算符<关系运算符<算术运算符

D. 算术运算符<关系运算符<赋值运算符<逻辑与运算符

10. C 程序由函数组成，关于 C 语言函数的说法错误的是（　　）。

A. 除整型函数外，其他类型函数必须在定义时给出类型说明。

B. 函数原型说明语句必须给出函数类型的说明。

C. 函数类型决定返回值的类型。

D. 函数不仅可以递归定义，而且除 main 函数外都可以递归调用。

二、填空题（每空1分，共12分）

1. C 语言的数据类型使编译器能够确定在内存中如何存储一个特定的值，以及对该数值可以_____。

2. 变量名必须以字母或是下划线开始，并由字母、数字和下划线组成，用户标识符不能与_____同名。

3. 设已有 double T，t；说明，试将等式 $T = \dfrac{4t^2}{t+2} - 20$ 写成一条 C 语句。

_____

4. 表达式 1 && 30 % 10 >= 0 && 30 % 10 <= 3 的值为：_____。

5. 设已有 int x = 3，y = 4；说明，表达式 (x = ++y，x+5，x / 5) 的值为：_____。

6. 设已有 int j = 5，k = 2，n，m，p；说明，执行以下三条语句后 n，m 和 p 的值是什么？

n = j − ++k；　m = j−− + k−−；　p = k+j；

解：n 的值是_____，m 的值是_____，p 的值是_____。

7. 设已有 int x = 3，y = 5，z = 2；说明，执行以下三条语句后 x，y 和 z 的值是什么？

x *= y+z；　y /= 2 * z+1；　z += x；

解：x 的值是_____，y 的值是_____，z 的值是_____。

8. 如果 n 的值是 4，并且 m 的值是 5，表达式 ++(n * m) 的值是 21 吗？解释你的答案：_____。

三、阅读程序题（阅读程序后写出运行结果，第1~3题每题5分，第4~6题每题6分，共33分）

1.
```c
#include<stdio.h>
int main() {
    int i = 1, x = 1;
    while (++i <= 20) {
        if (x > 6) break;
        else if (x % 2 == 1) {
            x += 5;
```

```
                printf("i=%d,x=%d\n", i, x);
                continue;
            }
            x -= i;
            printf("i=%d,x=%d\n", i, x);
        }
    }
```

2.
```
#include<stdio.h>
#define PRODUCT(a, b) a * b
void fun(int n) {
    static int x = 1;
    printf("x=%d\n", x+n);
    x += PRODUCT(x+n, x - n);
}
int main() {
    int i, x = 1;
    for (i = 1; i <= 3; i++, x++) {
        fun(x+i);
    }
    return 0;
}
```

3.
```
#include<stdio.h>
void udf_sort(int array[ ], int n) {
    int i, j, k, temp;
    for (i = 0; i < n - 1; i++) {
        k = i;
        for (j = i+1; j < n; j++) {
            if (array[j] < array[k]) {
                k = j;
            }
        }
        if (k ! = i) {
            temp = array[k];
            array[k] = array[i];
            array[i] = temp;
        }
```

```
            for (j = 0; j < n; j++) {
                printf("%d%c", array[j], (j+1) % 5 ? '␣' : '\n');
            }
        }
    }
    int main() {
        int i;
        int a[5] = {2, 5, 3, 1, 4};
        udf_sort(a, 5);
        for (i = 0; i < 5; i++) {
            printf("%d%c", a[i], (i+1) % 5 ? ' ' : '\n');
        }
        return 0;
    }
```

4.
```
    #include⟨stdio.h⟩
    int multiply(int m, int n) {
        int ans;
        if (n == 1) {
            ans = m;
        }
        else {
            ans = m + multiply(m, n - 1);
        }
        printf("%d\n", ans);
        return ans;
    }
    int main() {
        printf("%d\n", multiply(6, 3));
        return 0;
    }
```

5.
```
    #include⟨stdio.h⟩
    void change(int *s[], int n) {
        int i, j, t;
        for (i = 0; i < 4; i++) {
            for (j = i; j < 4; j++) {
                t = *(s[j]+i);
```

```
                *(s[j]+i) = *(s[i]+j);
                *(s[i]+j) = t;
            }
        }
    }
    int main() {
        int a[4][4] = {{1, 2, 3, 4}, {12, 13, 14, 5},
            {11, 16, 15, 6}, {10, 9, 8, 7}};
        int i, j, *p[4];
        for (i = 0; i < 4; i++) {
            p[i] = a[i];
        }
        change(p, 4);
        for (i = 0; i < 4; i++) {
            for (j = 0; j < 4; j++) {
                printf("%2d%c", *(p[i]+j), j < 3 ? ' ' : '\n');
            }
        }
        return 0;
    }
6. #include<stdio.h>
    void silly1(int x) {
        int y;
        y = x+2;
        x = x * 2;
    }
    void silly2(int *x) {
        int y;
        y = *x+2;
        *x = 2 * *x;
    }
    int main() {
        int x = 10, y = 11;
        silly1(x);    printf("x=%d\n", x);
        silly1(y);    printf("y=%d\n", y);
        silly2(&x); printf("x=%d\n", x);
```

```
            silly2(&y); printf("y=%d\n", y);
            return 0;
        }
```

四、程序设计题(第1题12分,第2题15分,第3题18分,共45分)

1.已知一组实验数据:3.62,2.93,3.16,3.73,2.86,3.40,2.86,3.07,3.29,3.24,编写一个程序分别求出它们的平均值、方差和均方差。要求:

(1)定义一个求解平均值、方差和均方差的函数udf_vft( ),与主调函数间的数据联系要求采用参数传递方式或 return 语句实现,不要采用全局变量传递方式。

(2)一组实验数据可由数组方式在主函数中构成;在主函数中通过调用udf_vft( )函数得到所需要的平均值、方差和均方差并打印输出,每一结果只保留两位小数。

提示:设平均值、方差和均方差分别用变量v、f和t表示,由数学知识可知,相应的计算公式为

$$v=\frac{1}{n}\sum_{i=1}^{n}x_i \quad f=\frac{1}{n}\sum_{i=1}^{n}x_i^2-v^2 \quad t=\sqrt{f}$$

其中,n表示数据个数,x_i表示第i个数据。

2.编写一个程序,实现对一段文本中特定的某个单词进行统计的功能。

提示:通常文字处理软件(例如MS Office Word 或者 WPS 等)中都提供了字符串查找匹配功能。一个程序要达到这样的功能首先需要具备有关字符串操作的一些函数来辅助实现这个功能。本题主函数编写已经完成,源程序代码清单如下,请编写与斜体字表示的函数调用对应的有关字符串操作函数,以实现这个功能。具体要求参照相关答题处。

设主函数位于其他函数之后且内容如下:

```
#include 〈stdio.h〉
#include 〈string.h〉
int main( )
{
    int i = 0, sum = 0, length;
    char word[20];
    char text[ ] = "to modernize the country's industry, agriculture, national de-
fence and science and technology step by step to turn China into a strong and prosper-
ous socialist country with a high level of culture and democracy.";
    char temp[20] = {0};
    printf("please input the word which you want to count.\n");
    udf_gets(word);    // udf_gets(word) 读字符串函数
    length = udf_strlen(word);    // udf_strlen(word) 求串长函数
    while (length != 0 && text[i] != '\0') {
```

```
        strncpy(temp, text+i, length);    // 逐一取定长的子串
        if (udf_strcmp(word, temp) == 0) {    // 字符串比较函数
            sum++;    // 匹配成功统计数加 1
            i+= length;    // 下标 i 后移,取下一个子串
        }
        i++;
    }
    printf("The word \"%s\" appears %d times in the text. \n", word, sum);
    return 0;
}
```

要求：

（1）编写读字符串 udf_gets 函数，其功能为：从标准输入文件 stdin 读入一串字符送到参数所指向的字符串存储空间中去，直到读到换行符'\n'结束，此换行符不作为字符串的内容存入串中。若无字符可读（即空串）则返回 NULL，否则返回存放字符串的起始地址。读入字符功能可调用 getchar 函数实现。本题不允许通过系统提供的函数 gets() 实现。

（2）编写 udf_strlen 函数，其功能为：统计参数所指字符串中字符的个数。

（3）编写 udf_strcmp 函数，其功能为：比较字符串 s1 和 s2。若 s1 与 s2 相同，返回 0；若不同，返回 s1 与 s2 的差值。

3. 有职工信息列表和已完成的 main 函数如下所示：

```
    no              salary
    1003            3864.78
    1002            3726.46
    ……            ……
    1004            2965.32
    1001            2567.89
    0               0
#include <stdio.h>
#include <stdlib.h>
struct person {
    int         no;                 // 职工编号
    float       salary;             // 职工工资
    struct      person * next;      // 指向自身的结构体指针
};

int main() {
```

struct person * head；　// 定义头指针

struct person * CreateListR(void)；　// CreateListR 函数原型说明

void writListR(struct person * head)；　// writListR 函数原型说明

head ＝ CreateListR(　)；　// 调用尾部插入链表函数构建链表

writListR(head)；　// 将链表的职工信息写入 person_list.txt 文件

return 0；

　　}

要求：

(1) 先用自然语言或伪代码描述 CreateListR(　) 的算法，再编程实现。

(2) 编程实现将链表的职工信息写入 person_list.txt 文件的函数。

5.3　综合测试(3)

一、单选题(第 1~20 题每题 1 分，第 21~24 题每题 1.5 分，共 26 分)

1. 以下选项中，正确的标识符是(　)。

　　A. long　　　　　　B. _SUM　　　　　C. f(x)　　　　　D. 2x

2. 若变量 c 为 char 类型，能正确判断出 c 为小写字母的表达式是(　)。

　　A. $'a'<=c<='z'$　　　　　　　　　B. $(c>='a')||(c<='z')$

　　C. $('a'<=c)and('z'>=c)$　　　　　D. $(c>='a')\&\&(c<='z')$

3. 若有定义 char str[]="ABCDEF"；则 sizeof(str) 的值为(　)。

　　A. 4　　　　　　B. 5　　　　　　C. 6　　　　　　D. 7

4. 若球体半径定义为 double r；则求该球体体积的正确表达式为(　)。

　　A. 4/3.0*3.14159*(r^3)　　　　　　B. 4*3.14159*r*r*r/3

　　C. 4/3*3.14159*pow(r,3)　　　　　D. 4/3*3.14159*r*r*r

5. 若有定义 int a＝3，b＝2，c＝1，z；则表达式 z＝a>b>c 的值为(　)。

　　A. 0　　　　　　B. 1　　　　　　C. 2　　　　　　D. 3

6. 下列关于 return 语句的表述中(　)是正确的。

　　A. 在函数体内 return 语句至少要出现 1 次

　　B. 在函数体内 return 语句只能出现 1 次

　　C. 函数返回值的数据类型取决于 return 语句所带的表达式的数据类型

　　D. 在函数体内 return 语句可以出现 0 次或多次

7. 若有定义 int a[3][4]；则对 a 数组元素不正确的引用是(　)。

　　A. a[0][2*1]　　　B. a[1][3]　　　C. a[0][4]　　　D. a[4−2][0]

8. 若有 int x,y 和 scanf("x＝%d,y＝%d",&x,&y)；则能够使得 x 和 y 的值分别为 3 和 4 的正确输入方式为(　)。

　　A. x＝3 y＝4　　　B. x＝3,y＝4　　　C. 3,4　　　　D. 3 4

9. C程序中使用条件分支语句if～else时，else应与( )组成配对关系。

    A. 同一复合语句内部的if   B. 在其之前任意的if

    C. 在其之前未配对的最近的if   D. 首行位置相同的if

10. 设有定义 int k=0;则以下k值不是1的是( )。

    A. k++   B. k+=1   C. ++k   D. k+1

11. 有数组定义和函数fun调用语句int a[3][4];fun(a);则在函数fun定义时，对形参array的错误定义方式为( )。

    A. fun(int array[ ][4])   B. fun(int array[3][4])

    C. fun(int **array)   D. fun(int (*array)[4])

12. 以下选项中,操作数必须是整型或字符型的运算符是( )。

    A. ++   B. !   C. %   D. /

13. 关于C语言程序,以下叙述中正确的是( )。

    A. main函数必须位于所有其他函数之前

    B. 预处理命令属于一类特殊的C语言语句

    C. 优先级高的运算符优先计算

    D. C语言的输入和输出功能只能通过函数调用才能实现

14. 以下程序的运行结果是( )。

```
int a[2][3] = {0,1,2,3,4,5};
int *p = a[0];
printf("%d", p[3]);
```

    A. 2   B. 3   C. 4   D. 5

15. 若有定义：

```
struct student {
    int    num;
    char name[16];
}stu, *p=&stu;
```

则能够正确输入stu中num和name成员的语句是( )。

    A. scanf("%d%s", stu.num, &stu.name);

    B. scanf("%d%s", &stu.num, stu.name);

    C. scanf("%d%s", p->num, p->name);

    D. scanf("%d%s", &p.num, &p.name);

16. 若有语句int *point,a=4;point=&a;下面均代表地址的一组选项是( )。

    A. a, point,*&a   B. &*a, &a, *point

    C. &a, &*point, &point   D. *&point, *&*point, &a

17. 关于break语句和continue语句,以下叙述中正确的是( )。

    A. break语句和continue语句仅可用于循环语句

B. break 语句可直接退出多层循环

C. continue 语句提前结束本次循环

D. break 语句在退出循环时可携带一个返回值

18. 若有程序如下：

```c
#include <stdio.h>
void swap(int* x, int* y)
{
    int *t;
    t=x, x=y, y=t;
}
int main()
{
    int a=3, b=4;
    swap(&a, &b);
    printf("%d,%d", a, b);
    return 0;
}
```

则程序的输出为(   )。

A. 3,3   B. 3,4   C. 4,4   D. 4,3

19. 若有定义：char str[8]="Hello",*p=str;,则 strlen(p) 的值是(   )。

A. 5   B. 6   C. 8   D. 不确定

20. 已知 ch 是字符型变量,下面不正确的赋值语句是(   )。

A. ch='a+b'   B. ch='\0'   C. ch='7'+'9'   D. ch=5+9

21. 以下程序的运行结果是(   )。

```c
#include <stdio.h>
void fun(int *p, int n)
{
    int i,t;
    for(i=0;i<n/2;i++){
        t=*(p+i);
        p[i]=p[n-1-i];
        *(p+n-1-i)=t;}
}
int main()
{
    int i,a[10]={9,8,7,6,5,4,3,2,1,0};
```

```
        fun(a,10);
        printf("%3d",a[5]);
    }
```

    A. 5   B. 6   C. 4   D. 7

22. 若有:int a[4][5], *p=*a;则以下选项中可以表示a[0][3]的是（   ）。

    A. p[0][3]   B. p[3]   C. **(a+3)   D. **a+3

23. 以下程序的运行结果是（   ）。

```
    #include<stdio.h>
    int  DigitSum(int n)
    {
        if(n/10 == 0) {
            return n;
        } else {
            return DigitSum(n/10)+n%10;
        }
    }
    int main ()
    {
        int number=1234;
        printf("%d",DigitSum(number));
        printf("\n");
        return 0;
    }
```

    A. 1234   B. 4321   C. 10   D. 24

24. 若有程序片段如下:

```
    int **p, i, j;
    p = (int **)malloc(10*sizeof(int **));
    for (i=0; i<10; i++) {
        *(p+i) = (int *)malloc(5*sizeof(int));
        for (j=0; j<5; j++) {
            *(*(p+i)+j) = i*10+j;
        }
    }
```

则上述程序片段执行结束后,(*(p[4]+2))/(*(p[2]+4))的值是（   ）。

    A. 0   B. 1   C. 2   D. 3

二、不定项选择题(每小题1.5分,共9分)

1. 如果打开文件时选用的文件操作方式为"wb+",以下说法正确的是(　　)。

　　A. 要打开的文件是二进制文件

　　B. 要打开的文件必须存在

　　C. 要打开的文件可以不存在

　　D. 打开文件后可以读取数据

2. 关于函数的定义,以下选项中正确的有(　　)。

　　A. 函数定义具有原型声明的作用

　　B. 函数定义时,若未指定返回值类型,则缺省为int类型

　　C. 函数定义时,若返回值类型为void类型,则表示没有返回值

　　D. 函数定义时,若函数名后的圆括号中写作void,则表示没有参数

3. 以下选项中,当指针p为空指针时,其值为真的表达式有(　　)。

　　A. p 　　　　　　　　B. !p 　　　　　　　C. p==NULL 　　　D. p=='\0'

4. 以下说法正确的是(　　)。

　　A. 函数中的每个自动变量只在函数被调用时存在,在函数执行完毕退出时消失

　　B. 外部变量必须定义在所有函数之外,且只能定义一次

　　C. 函数的形参通常不需要单独分配内存

　　D. 不同函数中具有相同名字的局部变量之间没有关联

5. 下列关于结构体类型和结构体变量的说法中,正确的是(　　)。

　　A. "结构体"可将不同数据类型、但相互关联的一组数据,组合成一个有机整体
　　　　使用

　　B. 结构体类型中成员名,不可以与程序中的变量同名

　　C. "结构体类型名"和"数据项"的命名规则,与变量名相同

　　D. 相同类型的结构体变量间可以相互赋值

6. 关于C语言中的switch语句,以下选项中正确的有(　　)。

　　A. switch语句是一种多分支语句。

　　B. switch语句中可以没有default分支。

　　C. 程序执行到下一个case时,跳出switch语句。

　　D. switch后的表达式可以是整型、字符型或浮点型。

三、填空题(每空1分,共10分)

1. 定义int a=0, b=0, c=0;语句c=2>1?(a=1):(b=2);执行后,表达式a+b+c的值是(1)_____。

2. 有100个数字从小到大排列,若使用二分法进行查找,则最多需要比较(2)_____次。

3. 已知a是一个double型的正数,写出一个赋值表达式,在它执行后a四舍五入保留两位小数(3)_____。(比如a的值原本是12.666666,执行完该表达式后a的值变为12.670000)

4. 定义 char a[ ]="abcdef";则语句 printf("%s",a+2);的结果是(4)_____。

5. 若希望一个函数返回多个不同类型的数值,可以将返回值定义为(5)_____类型。

6. 程序段:

```
unsigned char x=100, y=200;
do {
        x = x+y, y = x−y, x = x−y;
} while (0);
printf ("%d %d\n", x, y);
```

运行后,输出结果应为:(6)_____   (7)_____。

7. 程序段:int i,s=0; for (i=1; i<=100; i++) s+=i;运行后,s 的值为(8)____。

8. 设:int a[2][3] = { {1, 2, 3}, {4, 5, 6} },则:*(*(&a[0]+1))的值为(9)____,
*(&a[0][0]+3)的值为(10)_____。

四、程序填空题(每空 1.5 分,共 30 分)

1. 在一组有序的数据中查找数据,若找到则输出数据已在数组中,否则插入该元素。

```
#include <stdio.h>
#define N 10
void insert(int a[ ],int n, int m, int x)
{
        int j;    //该函数将 x 插入在 a[m]
        for( (1) ; j>=m ;j−−) {
            a[j+1]=a[j];
        }
         (2) ;
}
int main( )
{
        int a[N+1]={N 个升序初始化值},i,x,flag=0;
        scanf("%d",&x);    //输入待查找的数 x
        for(i=0; i<N ; i++) {
            if(a[i]==x) {
                 (3) ;
                break;
            } else if( (4) ) {
                break;
            }
```

```
        }
        if(flag==1) {
                printf("x is in array.\n");
            } else if(i<=N) {
                (5) ;
        }
        return 0;
    }
```

2. 完成程序,填上适当的语句,实现功能:将输入的大写字母转换为小写字母、小写字母转换为大写字母、其他字符不变,并最后输出。每空仅写一个表达式或语句。

```
#include <stdio.h>
int main()
{
    char c;
    c=getchar();
    switch((c>='A')+(c>'Z')+(c>='a')+(c>'z')) {
        case 1: (6) ;    break;
        case 3: (7) ;    break;
    }
    printf("%c",c);
}
```

3. 有如下结构体类型,完成函数,实现用冒泡法按score降序对结构体数组r的元素进行排序。

```
struct student {
    char name[20];
    double score;
};
void BubbleSort(struct student r[],int n)
{   //冒泡法排序
    int i,j;
    (8) ;
    for(i=0;i<n-1;i++) {
        for ( (9) ; j++) {
            if( (10) ) {   //比较成绩
                (11)
            }
```

209

```
        }
    }
}
```

4. 完成程序,填上适当的语句,实现功能:输入整数n的值,逆序输出n的各位数字。例如:输入3210,输出:0123。每空仅写一个表达式或语句。

```
#include ⟨stdio.h⟩
int main( )
{
    int n ;
    scanf("%d", &n ) ;
    do   {
        printf("%d", (12) ) ;
    }while ( (13) ) ;
    return 0 ;
}
```

5. 完成程序,填上适当的语句,实现功能:将一组字符串从小到大排序后输出。

```
#include ⟨stdio.h⟩
#include ⟨string.h⟩
void sortstring( (14) )
{
    int i, j, k;
    for (i = 0; i < n−1; i++) {
        for (k = (15) , j = (16) ; j < n; j++) {
            if ( strcmp(p[j], p[k]) < 0 ) {
                k = j;
            }
        }
        if (k ! = i) {
            char *t;
            t = p[i]; p[i] = p[k]; p[k] = t;
        }
    }
}
int main( )
{
    char *name[5] = {"Li Bai", "Du Fu", "Bai Juyi", "Du Mu", "Lu You"};
```

```
        int i;
        sortstring(name, 5);
        for (i = 0; i < 5; i++) {
            printf("%s\n", (17) );
        }
        return 0;
    }
```

6. 以下函数的功能是计算GPA并返回。其中输入n是课程数，数组gp[ ]是每门课程的绩点，数组credit是相应课程的学分。但程序中有三处错误。请写出错误语句的行号，并改正。

```
(1)  void GPA(double gp[ ], int credit[ ], int n) {
(2)      double s;
(3)      int i=0, c=0;
(4)      while (i<n) {
(5)          s+=gp[i]*credit[i];
(6)          c+=credit[++i];
(7)      }
(8)      return(s/c);
(9)  }
```

上述程序中三处错误分别是：(18) ；(19) ；(20) 。

五、程序设计题(第1~3题每题5分，第4题10分，共25分)

1. 有数组 char txt[T] = "USTC1958has33000...", 其中仅包含英文字母和数字，现需要将所有字母单独存放在一个数组中，形如 char str[S] = "USTChas...", 所有数字单独存放在另一个数组中，形如 char num[N] = "195833000...", 请用流程图描述该算法。

2. 已知现有1元、5元、20元、50元面值的人民币的张数分别为3、3、5、4。请补充代码，完成如下功能：

(1) 从键盘输入商品价格(假设输入是0~300的整数)；

(2) 若能用现有的人民币付款，打印最少需要多少张纸币，以及各个面值的纸币张数。若最少纸币的支付方案有重复，仅给出一种即可；

(3) 若不能用现有的人民币付款，仅打印"无法支付！"。

例如，输入70元，打印"最少需要2张，其中50元1张，20元1张，5元0张，1元0张"。若输入84元，则打印"无法支付！"。

```
#include ⟨stdio.h⟩
#define N1    3
#define N5    3
#define N20   5
```

```
#define N50   4
int main( ) {
      int price；   //存放商品价格的变量
//在此处补全程序代码


      return 0；
}
```

3. 以下函数功能为：用给定的子串 sub，从前向后替换字符串 src 中的所有子串 word，并将结果字符串存放到字符数组 dest 中。为简化问题，假定：

（1）sub 的长度<=word 的长度<=10，且两个子串没有相同的字符；

（2）src 的长度<=dest 的长度；

（3）允许使用字符串库函数，如 strcmp( )、strcpy( )、strlen( )、strncpy( )等。

比如在 "fireworks workman work hard" 中用 "fun" 替换 "work" 后得到 "firefuns funman fun hard"。

```
void replace(char *src, char dest[ ], char *sub, char *word)
{
//请补充函数的代码。




}
```

4. 学生信息管理系统如下，请按功能要求补充完整函数。

```
#include 〈stdio.h〉
#include 〈stdlib.h〉
struct student   {   //学生信息
      int Num；   //学号
      float score；   //成绩
      struct student *next；
}；
struct student *create( )；
float  average(struct student *head)；
struct student *excellent(struct student *head, float ave)；
int  main( )
{
```

```
        struct student *head, *excellent_head;
        head＝create();
        excellent_head＝excellent(head, average(head));
    return 0;
    }


    struct student *create()
    {
    //实现功能:从键盘输入20个学生的信息,用尾插法创建链表并返回链表头。



    }
    float average(struct student *head)
    {
        //head 为链表头,该链表由 create 函数建立
        //实现功能:计算链表中所有学生的平均成绩并返回该成绩。



    }

    struct student *excellent(struct student *head, float ave)
    {
        //head 为链表头,ave 为学生平均成绩
        /*实现功能:从该链表中找出所有超过平均成绩的优秀学生,按成绩从高
到低的顺序创建一个新链表,链表头指向成绩最高的学生,并返回新链表头。*/



    }
```

5.4　综合测试(4)

一、单选题(第1~20题每题1分,第21~24题每题1.5分,共26分)

1. 关于C语言程序下列错误的是(　　)。

   A. 每个C程序都必须在某个位置包含一个 main()函数

   B. 每个C程序都是由函数和变量组成的

   C. 每个C程序都从 main 函数的起点开始执行

D. 因为main函数不能被任何函数调用,所以它不能带参数

2. 下列C语言用户标识符中合法的是(   )。

   A. _sum   B. 2year   C. long   D. Mr.Wang

3. 将两个8位有符号数运算后的结果按8位无符号数处理其值为160,实际上它代表(   )。

   A. -95 B. -96 C. -128 D. -160

4. 逻辑运算符两侧运算对象的数据类型(   )。

   A. 只能是0或1   B. 只能是0或非0正数

   C. 只能是整型或字符型数据   D. 可以是任何类型的数据

5. 以下程序所表示的分段函数是(   )。

```
#include<stdio.h>
int main(){
    int x,y;
    printf("Enter x:");
    scanf("%d",&x);
    y=x>=0? 2*x+1:0;
    printf("x=%d:f(x)=%d",x,y);
    return 0;
}
```

A. $f(x)=\begin{cases}0 & (x\leqslant 0)\\ 2x+1 & (x>0)\end{cases}$ B. $f(x)=\begin{cases}0 & (x\geqslant 0)\\ 2x+1 & (x<0)\end{cases}$

C. $f(x)=\begin{cases}2x+1 & (x<0)\\ 0 & (x\geqslant 0)\end{cases}$ D. $f(x)=\begin{cases}0 & (x<0)\\ 2x+1 & (x\geqslant 0)\end{cases}$

6. 设有语句:int a=2,b=3,c=4; float x=3.5,y=4.8;则表达式 !(a+b)+c-1&&b+c/2和表达式 x+a%3*(int)(x+y)%2/4的值分别为(   )。

   A. 0和3.50000 B. 1和3.50000   C. 0和4.50000   D. 1和4.50000

7. 执行下列程序后,变量i的值是(   )。

```
int i=10,b=1;
switch (i){
    case 9:  ++i;
    case 10: i*2;
    case 11: b=(i=++b,i+3,i/3);
        break;
    default : i+=1;
}
```

   A. 20   B. 2   C. 11   D. 1

8. 以下程序的输出结果是(　　)。

```
#include<stdio.h>
int main() {
    int a,b;
    for(a=1,b=1;a<=100;a++) {
        if(b>=10) break;
        if(b%3==1) {
            b+=3;
            continue;
        }
    }
    printf("%d\n",a);
    return 0;
}
```

A. 101　　　　　B. 6　　　　　　C. 15　　　　　　D. 4

9. 在C语言程序中,有关函数的定义正确的是(　　)。

A. 函数的定义可以嵌套,但函数的调用不可以嵌套

B. 函数的定义不可以嵌套,但函数的调用可以嵌套

C. 函数的定义和函数的调用均不可以嵌套

D. 函数的定义和函数的均可以嵌套

10. 以下程序的正确运行结果是(　　)。

```
#include<stdio.h>
int f(int a) {
    int b = 0;
    static int c = 4;
    b++; c++;
    return(a+b+c);
}
int main() {
    int a = 2, i;
    for (i = 0; i < 3; i++)
        printf("%4d", f(a));
    return 0;
}
```

A. 8　8　8　　　　　　　　　B. 8　11　14

C. 8　10　12　　　　　　　　D. 8　9　10

11. 以下程序的运行结果是（　　）。

```
int a[2][3] = {0,1,2,3,4,5};
int *p = &a[0][0];
printf("%d", p[1*3+0]);
```

  A. 2   B. 3   C. 4   D. 5

12. 如下代码中，要获得"103"，以下描述不正确的是（　　）。

```
struct ND {
    int id;
    struct ND *next;
}*p,*q,*r;
p=(struct ND*)malloc(sizeof(struct ND)); p->id=101;
q=(struct ND*)malloc(sizeof(struct ND)); q->id=102;
r=(struct ND*)malloc(sizeof(struct ND)); r->id=103;
p->next=q;
q->next=r;
```

  A. r->id   B. r->next->id
  C. q->next->id   D. p->next->next->id

13. 以下代码的输出结果是（　　）。

```
int a[2][3]={1,2,3,4,5,6};
int (*p)[3]=&a[0];
printf("%d,",(*++p)[1]);
p=a;
printf("%d",(*p)[1]);
```

  A. 2,2   B. 2,5   C. 4,2   D. 5,2

14. 在主函数中***处调用mystrlen函数的错误语句是（　　）。

```
int mystrlen(char *s) {
    int n;
    for (n = 0; *s != '\0'; s++)
        n++;
    return n;
}
int main() {
    char s[10]="USTC";
    char *p1="USTC";
    char *p2=p1;
    ***
}
```

A. mystrlen(s);　　　　　　　B. mystrlen(&s[0]);

C. mystrlen(p1);　　　　　　　D. mystrlen(*p2);

15. 已知char x[]="hello", y[]={'h','e','l','l','o'};则关于两个数组长度的正确描述是(　　)。

A. 相同　　　　B. x大于y　　　　C. x小于y　　　　D. 以上答案都不对

16. 已知学生记录及变量的定义如下

```
struct student {
    int no;
    char name[20];
    char gender;
    struct{int year,month,day;}birth;
}
struct student s,*ps;
ps=&s;
```

以下能给s中的year成员赋值2005的语句是(　　)。

A. s.year=2005;　　　　　　　B. ps.year=2005;

C. ps->year=2005;　　　　　　D. s.birth.year=2005;

17. 当运行时输入:abcd$abcde,下面程序的运行结果是(　　)。

```
#include〈stdio.h〉
int main() {
    while(putchar(getchar())!='$');
    printf("end");
}
```

A. abcd$abcde　　　B. abcdend　　C. abcd$end　　　D. abcd$abcdeend

18. 下列语句中,将p定义成一个指针型变量的是(　　)。

A. double *p[5];　　　　　　　B. double (*p)[5];

C. double *p(5);　　　　　　　D. double *p();

19. 以下程序的运行结果是(　　)。

```
#include 〈stdio.h〉
void fun(int x) {
    if(x/2>0) {
        fun(x/2-2);
        printf("%d   ",x);
    }
}
int main() {
```

```
        fun(20);
        printf("\n");
        return 0;
    }
```

　　A. 20 8 2 −1　　　B. 2 8 20　　　　　C. 8　　　　　　　D. −1 2 8 20

20. 以下代码运行后, i, j, k, m, n 的输出结果为(　　)。

```
    #include <stdio.h>
    #include <string.h>
    int main() {
        char *ps="0123456789";
        char buffer[]="Hello";
        int i=sizeof(ps);
        int j=sizeof(*ps);
        int k=strlen(ps);
        int m=strlen(buffer);
        int n=sizeof(buffer);
        printf("%d %d %d %d %d\n",i,j,k,m,n);
        return 0;
    }
```

　　A. 8 1 10 5 6　　　B. 8 4 10 5 6　　　C. 1 1 11 6 5　　　D. 8 1 10 5 5

21. 以下说法错误的是(　　)。

　　A. 指针是一种保存变量地址的变量。

　　B. 一般情况下, 同其他类型的变量一样, 指针也可以初始化。

　　C. 可以用表示地址的表达式初始化指针。

　　D. 对指针赋值 NULL 等价于赋值 0。

22. 以下程序的运行结果是(　　)。

```
    #include <stdio.h>
    void fun(int *p, int n) {
        int i,t;
        for(i=0;i<n/2;i++) {
            t=*(p+i);
            p[i]=p[n-1-i];
            *(p+n-1-i)=t;
        }
    }
    int main() {
```

```
int i,a[10]={9,8,7,6,5,4,3,2,1,0};
fun(a,10);
printf("%3d",a[5]);
}
```
　　A. 5　　　　　　　　B. 6　　　　　　　　C. 4　　　　　　　　D. 7

23. 以下程序的运行结果是(　　)。
```
struct {
    int id;
    char name[15];
}stu[4]={2101,"Darkness",2102,"Gorgeous",2103,"Light",2104,"Tread"},*p
=stu;p++;
printf("%c\n",++p->name[1]);
```
　　A. E　　　　　　　　B. o　　　　　　　　C. p　　　　　　　　D. L

24. 若有函数定义如下：
```
int func(int n) {
    if (n>0)
        return n+func(n-1);
    return 0;
}
```
则 func(10)的值为(　　)。
　　A. 0　　　　　　　　B. 10　　　　　　　　C. 45　　　　　　　　D. 55

二、不定项选择题(每小题1.5分,共9分)

1. 以下表达式的值是整型的有(　　)。
　　A. sizeof(double)　　B. 3.5−0.5　　　　C. 'x'　　　　　　　D. 3.5>0.5

2. 设 x、y 和 z 是 int 型变量,且 x=3,y=4,z=5,则下面表达式中值为 0 的是(　　)。
　　A. 'x'&&'y'　　　　　　　　　　　　B. x>=y;
　　C. x||y+z&&y−z　　　　　　　　　　D. !((x<y)&&! z||1)

3. 以下关于编译预处理的叙述中正确的是(　　)。
　　A. 预处理命令行必须以#开始
　　B. 一条有效的预处理命令必须单独占据一行
　　C. 预处理命令行只能位于源程序中所有语句之前
　　D. 预处理命令不是C语言本身的组成部分

4. 若有说明语句如下：
　　char a[]="It is mine";
　　char *p=a;
则以下正确的叙述是(　　)。

A. a+2 表示的是字符't'所在存储单元的地址

B. p 指向另外的字符串时，字符串的长度不受限制

C. *(p+i)等价于 p[i]

D. a 中只能存放 10 个字符

5. 在一个单链表结构中，指针 p 指向链表的倒数第二个结点，指针 s 指向新结点，则能将 s 所指的结点插入到链表末尾的语句组是(　　)。

A. p=p->next; s->next=p; p->next=s

B. p=(*p).next; (*s).next=(*p).next; (*p).next=s

C. s->next=NULL; p=p->next; p->next=s

D. p=p->next; s->next=p->next; p->next=s

6. 以下说法正确的是(　　)。

A. 在函数之外定义的变量是全局变量

B. 全局变量可以被本文件中的其他函数访问

C. 局部变量仅仅在其所在的函数内部范围内有效

D. 静态(static)变量的生存期贯穿于整个程序的运行期间

三、填空题(每空 1 分，共 10 分)

1. 已定义 float x = 213.82631;语句 printf("%-4.2f\n",x);的输出结果是 (1)_____。

2. 若有以下定义 char c ='\X41';则变量 c 中包含的字符个数为 (2)_____。

3. 有定义 char str[]="\nUSTC\n2021";则表达式 sizeof(str)/sizeof(str[0]) 的值是 (3)_____。

4. 若有以下定义 char array[2]="0", *p=array;则表达式 (*p++) == '\0' 的值为 (4)_____。

5. 程序中有下列程序语句：

```
unsigned char x=100, y=200;
do{
    x = x+y, y = x−y, x = x−y;
}while (0);
printf ("%d %d\n", x, y);
```

输出结果应为 (5)_____ (6)_____

6. 设有定义 char x,y;请写出描述"x, y 同时为小写字母或者同时为大写字母"的表达式：(7)_____。

7. 定义 int i=100;执行语句 while(i-->0) { if (! i) break;}后，i 的值为 (8)_____。

8. 函数调用语句 fun(rec1,rec2+rec3,(rec4,rec5));含有的实参个数是 (9)_____。

9. 若有 int i=1, a[10][5]={1,2,3,4,5,6,7,8,9,10}, (*p)[5]=a;则表达式 *(*(p+i)+5) 的值为 (10)_____。

四、程序填空题(每空1.5分,共30分)

1. 统计给定数组 a 中素数的个数并输出

```c
#include <stdio.h>
int prinum(int *a)
{
    int count=0,i,j,k;
        for(i=0;i<10;i++) {
          for (j=2;j<=a[i]-1;j++) {
                if(___(1)___) {
                    ___(2)___;;
                }
            }
            if(___(3)___) {
              count++;
            }
        }
        return count;
}
int main()
{
        int a[10]={11,3,50,17,81,9,10,101,111,12};
        printf("prime numbers are: %d \n", prinum(___(4)___));
}
```

2. 统计字符串中字母的个数,请填空。

```c
int main()
{
        char str[50];
        int i,___(5)___;
        scanf("%s",___(6)___);
        for(i=0;___(7)___;i++) {
            if(___(8)___) {
                j++;
            }
        }
        printf("j=%d\n",j);
}
```

3. 数组a中存放N个由小到大排列的有序整数。把从键盘输入的整数m插入到数组a中,使插入后的数组a仍然有序,请填空。

```
#define N 6
int main()
{
    int i,j,m;
    int a[   (9)   ]={10,20,30,40,50,60};
    scanf("%d",&m);
    for(j=0;j<N;j++) {
        if(   (10)   <a[j]) {
            break;
        }
    }
    for(i=N;i>j;i--) {
        a[i]=a[   (11)   ];
    }
    a[j]=   (12)   ;
    for(i=0;i<N+1;i++) {
        printf("%d",a[i]);
    }
}
```

4. 下列函数tax根据收入金额 salary (≥0)对应不同税率计算应缴税额,并返回应缴税额。税率计算公式 $f(x)$ 如下:

$$f(x)=\begin{cases} 0, & x<1000 \\ 5\%, & 1000\leq x<3500 \\ 10\%, & 3500\leq x<5000 \\ 15\%, & x\geq 5000 \end{cases}$$

```
float tax(int salary){
    switch (   (13)   ) {
        case 0:
        case 1:
            return 0;
        case 2:
        case 3:
        case 4:
```

```
        case 5:
        case 6:
                   (14)       ;
        case 7:
        case 8:
        case 9:
            return salary*0.1;
        default:
                   (15)       ;
    };
}
```

5. 折半查找算法。已知数组中的元素按照从小到大排列,本函数使用折半查找算法从数组中查找指定数字。若找到该数字,则返回该元素的下标;若未找到该数字,则返回-1。

```
#include ⟨stdio.h⟩
#define N 11
int binary_search (int *a, int n, int key){
    int low=0, mid, high=n-1;
    while (low <= high) {
        mid = (low+high) / 2;
        if (key > a[mid]) {
            low =    (16)    ;
        } else if (key == a[mid]) {
            return    (17)    ;
        } else {
            high =    (18)    ;
        }
    }
    return    (19)    ;
}
int main(){
    int a[N]={5, 13, 19, 21, 37, 56, 64, 75, 80, 88, 92};
    int key, index;
    printf("Input key: \n");
    scanf("%d", &key);
    index = binary_search(    (20)    );
```

```
        if (index < 0) {
            printf("The key is not found! \n");
        } else {
            printf("index=%d, key=%d\n", index, key);
        }
        return 0;
    }
```

五、程序设计题（第1~3题每题5分，第4题10分，共25分）

1. 模块功能需求：从键盘输入一行字符串，统计以空格作为分隔的单词个数。**请用流程图描述**实现该模块功能的算法。假设以下变量已定义：

　　char c, str[200];　//字符数组str可以用于存储键盘输入的字符串
　　int i, num=0, word=0; /*num作为单词计数器，word可以作为新单词开始的
　　　　　　　　　　　　　　　　　　标志量。*/

2. 编写计算并返回字符串str2在字符串str1中的起始位置（从1开始计数）的函数，其中str1和str2都是函数的参数，找不到时返回0。

3. 某公司员工基本信息为：姓名（name，7个汉字以内）、工资号（id，整形数据）、和每月工资（salary，在float范围内），员工数量为N。结构体数组和主函数代码如下：

```
#include<stdio.h>
#define N 5
struct employee {
    char name[30];
    int id;
    float salary;
} empy[N];
int main() {
        indata(empy);
        sort(empy);
        findata(empy);
        foutdata(empy);
        return 0;
}
```

要求完成如下函数：

（1）输入函数indata，从键盘输入公司员工的信息到结构体数组中。

（2）排序函数sort，按salary从低到高用插入排序法完成升序排序。

（3）写入文件函数findata，将结构体数组信息写入文件d:\employee.txt中。

（4）读取文件函数foutdata，从文件d:\employee.txt中读出员工信息并在屏幕上

输出。

函数原型如下：

```
void indata(struct employee empy[]);
void sort(struct employee empy[]);
void findata(struct employee empy[]);
void foutdata(struct employee empy[]);
```

4. Link 节点定义和 main 函数如下：

```
#include ⟨stdio.h⟩
#include ⟨stdlib.h⟩
typedef struct Link {
    char c;
    struct Link *next;
}link;
int main()
{
    link *h = initlink(5);
    h = reverselink(h);
    return 0;
}
```

（1）请实现 initlink 函数，形参为链表长度，从键盘读入字符 c 值，用头插法建立链表。

（2）请实现 reverselink 函数，实现链表原地逆置。原地逆置是指不使用额外链表节点，借助若干指针完成链表逆置。

附录A 综合测试题参考答案

A.1 综合测试(1)

一、单选题

1. C

解释:ANSI C没有幂运算符,计算x^n需要用幂运算函数pow(x,n)。

2. A

解释:C语言中每个操作数只能和一个运算符结合,并且要按优先级从高到低结合,10<a<15本意想表达的是a操作数比10大且比15小,但在C语言中不能写成10<a<15,因为这样的表达式会首先计算10<a,得到的结果是逻辑值0或1,之后再用0或1与15比较,显然不合题意,因此应该按C的语法先写出两个关系表达式10<a或a>10以及a<15或15>a,再写成逻辑表达式a>10&&a<15。B和D的结果与C相同。

3. C

解释:空语句虽然什么都不做,但并没有什么错误。

4. B

解释:3/2是整数除法,结果是double (x+1) = 2.0。

5. A

解释:逗号表达式虽然只要右边的值,但是先算左边的表达式,p+=2相当于移到了a[2],*p的值已经是3了,只能用后缀++。

6. C

解释:由于有( ),*优先与ptr结合,ptr是指针,指向有10个元素的数组。

7. D

解释:double型数据输入用%lf。

8. B

解释:字符串的结尾'\0'也占一个字节。

9. C

解释:A.函数返回值为整型时,定义时允许缺省,但声明时必须写;

比如:对于函数f的定义f(int x) {return x;} 声明必须要写 int f(int x);

递归定义是指在一个函数里面再定义自己,这是C语言不允许的。

10. B

解释：p存储a的地址，*p是取这个地址里的内容。

二、填空题

1. 全局、局部(外部、内部)

2. 5

3. 1,0

4. 0

5. 'a' 或 97

6. 0

7. 20

8. 6

三、阅读程序题

1. 运行结果：

```
4
7
10
10
4
```

2. 运行结果

```
17154
```

3. 运行结果：

```
␣␣␣1␣␣1
␣␣␣9␣␣1
␣␣17
```

注：␣指空格

4. 运行结果

```
␣␣␣0␣␣2␣␣4␣␣4␣␣8
```

注：␣指空格

5. 运行结果：

```
image
mage
age
ami
```

6. 运行结果

```
1,3
3,1
1,3
```

7. 运行结果：

```
10   14
28   32
84
```

四、程序填空题

(1) double a[ ], int n 或 double a[5], int n 或 double *a, int n

(2) t*x

(3) y

(4) x[i][i]

(5) x[i−1][j]+x[i−1][j−1]

(6) (struct list *)malloc(sizeof(struct list))

(7) (struct list *)malloc(sizeof(struct list))

(8) p−＞next

(9) NULL

(10) head

(11) return b

(12) p＝p−＞next

(13) b

(14) p＝p−＞next

(15) p! ＝ NULL

五、程序设计题

1. 移位编码算法流程图

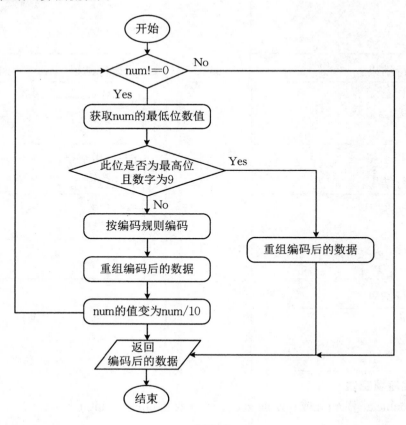

2.（1）定义 read 函数，读入普查人员的五项数据：

```
void read(PERSON s[ ], int n) {
    int i;
    for(i = 0; i < n; i++) {
        scanf("%s%d %c%s%s",s[i].name, &s[i].age, &s[i].sex, s[i].job, s[i].addr);
    }
}
```

（2）定义 udf_cmpstr 字符串比较函数

```
int udf_cmpstr(char s[ ], char t[ ]) {
    int i = 0;
    while(s[i] == t[i] && s[i] ! = '\0') {
        ++i;
    }
    return(s[i]−t[i]);
}
```

（3）定义 sort 函数，按姓名以递升顺序排序

```
void sort(PERSON s[ ], int n) {
    int i, j, k;
    PERSON temp;
    for (i = 0 ; i < n − 1; i++) {
        k = i;
        for (j = i+1; j < n; j++) {
            if (udf_cmpstr(s[k].name, s[j].name) > 0) {
                k = j;
            }
        }
        if (k ! = i) {
            temp = s[i];
            s[i] = s[k];
            s[k] = temp;
        }
    }
}
```

（4）定义 print 函数，将排序后的普查信息表输出到 person_list 文件长期保存。

```
void print(PERSON *p, int n) {
```

```
        FILE *fp;
        int i;
        if ((fp = fopen("person_list", w)) == NULL) {
            print("cannot open this file.\n");
            exit(0);
        }
        for (i = 0; i < n; i++, p++) {   // 也可采用 fwrite 等形式完成
            fprintf(fp, "%s  %d  %c  %s  %s\n", p->name, p->age,
p->sex, p->job, p->addr);
        }
        fclose(fp);
    }
```

(5) 定义 binarysearch 函数,以二分查找(亦称折半查找)方式实现按姓名查找该人员在人口普查信息表中的位置,若没有找到则返回 -1,表示查找失败。

```
    int binarysearch(PERSON s[], int n, char * key)
    {
        int low, mid, high;
        low = 0;
        high = n - 1;
        while (low <= high) {
            mid = (low+high) / 2;
            if (udf_cmpstr(key, s[mid].name) > 0) {
                low = mid+1;
            } else if (udf_empstr(key, s[mid].name) == 0) {
                return (mid);
            } else {
                high = mid - 1;
            }
        }
        return -1;
    }
```

A.2　综合测试(2)

一、单选题

1. A 　　 2. C 　　 3. B 　　 4. D 　　 5. B

6. A   7. B   8. C   9. C   10. D

二、填空题

1. 执行什么样的操作 或 执行的运算

2. 保留字

3. T＝4＊t＊t／(t＋2)－20 或 T＝4＊pow(t, 2)／(t＋2)－20

4. 1

5. 1

6. n的值是2, m的值是8, p的值是6

7. x的值是21, y的值是1, z的值是23

8. 不是, 表达式非法。递增运算符不能作用于(n＊m)这样的表达式

三、阅读程序题

1. 运行结果：

```
i＝2,x＝6
i＝3,x＝3
i＝4,x＝8
```

2. 运行结果

```
x＝3
x＝6
x＝14
```

3. 运行结果：

```
1 5 3 2 4
1 2 3 5 4
1 2 3 5 4
1 2 3 4 5
1 2 3 4 5
```

4. 运行结果

```
6
12
18
18
```

5. 运行结果：

```
1 12 11 10
2 13 16 9
3 14 15 8
4 5 6 7
```

6. 运行结果

```
x＝10
y＝11
x＝20
y＝22
```

四、程序设计题

1.
```c
#include〈stdio.h〉
#include〈math.h〉
#define N 10
void udf_vft(double a[], int n, double *v, double *f, double *t)
{
    double s1 ＝ 0, s2 ＝ 0;
```

```
    int i;
    for (i = 0; i < N; i++) {
        s1 += a[i];
        s2 += a[i] * a[i];
    }
    *v = s1 / N;
    *f = s2 / N;
    *t = sqrt(*f);
}
int main()
{
    double v, f, t;
    double a[10] = {3.62, 2.93, 3.16, 3.73, 2.86, 3.40, 2.86, 3.07, 3.29, 3.24};
    udf_vft(a, N, &v, &f, &t);
    printf("平均值 = %5.2f\n", v);
    printf("方 差 = %5.2f\n", f);
    printf("均方差 = %5.2f\n", t);
    return 0;
}
2.
char *udf_gets(char s[], int lim)
{
    int c, i;
    for(i = 0; i < lim - 1 && (c = getchar()) ! = EOF && c! = '\n';++i) {
        s[i] = c;
    }
    s[i] = '\0';
    if(i ! = 0) {
        return s;
    } else {
        return NULL;
    }
}
int udf_strlen(char s[])
{
    int i = 0;
```

```
    while (s[i] ! == '\0') {
        i++;
    }
    return i;
}
int udf_strcmp(char s[], char t[])
{
    int i = 0;
    while (s[i] == t[i]) {
        if (s[i++] == '\0') {
            return 0;
        }
    }
    return (s[i] - t[i]);
}
```

3.

(1) 算法描述:

head <= NULL;   // 置空链表

输入一个循环控制数据;

while(数据值不是结束标志) {

　　申请新结点,用指针 p 指向该结点;

　　给新结点赋予相关数据值;

　　if(链表为空) {

　　　　表示新插入的结点是首结点,

　　　　头指针指向首结点 head <= p;

　　} else {

　　　　将新结点插入到尾指针指向的结点之后,rear−>next <= p;

　　}

　　　　使尾指针指向新结点,rear <= p;

　　输入一个循环控制数据;

}

函数定义:

```
struct person *CreateListR(void)
{
    struct person *head;    // 头指针
    struct person *rear;    // 尾指针
```

```
    struct person *p;    // 新结点指针
    head = NULL;
    p = (struct person*)malloc(sizeof(struct person));    // 申请新结点
    printf("\n输入一个职工的工号和工资");
    scanf("%d%f", &p->no, &p->salary);
    while (p->no！= 0) {    // 读入职工号不是结束标志(0)时做循环
        if (head == NULL) {
            head = p;    // 将p指向的新结点插入空表
        } else {
            rear->next = p; /*新结点插入到表尾结点(rear指向的结点)之后*/
        }
        rear = p;    // 表尾指针指向新的表尾结点
        p = (struct person*)malloc(sizeof(struct person));    // 申请新结点
        printf("\n输入一个职工的工号和工资");
        scanf("%d%f", &p->no, &p->salary);
    }
    rear->next = NULL;    // 终端结点置空
    free(p);
    return head;    // 返回表头指针
}
```

（2）函数定义

```
void writListR(struct person *head)
{
    FILE *fp;
    struct person *p;
    if ((fp = fopen("person_list.txt", "w")) == NULL) {
        printf("cannot open this file.\n");
        exit(0);
    }
    p = head;
    while (p！= NULL) {
        fprintf(fp, "%d %f\n", p->no, p->salary);
        p = p->next;
    }
}
```

A.3 综合测试(3)

一、单选题

1. B   2. D   3. D   4. B   5. A   6. D   7. C   8. B   9. C

10. D   11. C   12. C   13. D   14. B   15. B   16. C   17. C   18. B

19. A   20. A   21. A   22. B   23. C   24. B

二、不定项选择题

1. ACD   2. ABCD   3. BCD   4. ABD   5. ACD   6. AB

三、填空题

1. (1) 2

2. (2) 7

3. (3) a＝(int)(a*100＋0.5)/100.0

4. (4) cdef

5. (5) 结构体(或结构)

6. (6) 200 (7) 100

7. (8) 5050

8. (9) 4 (10) 4

四、程序填空题

1.

(1) j＝n－1

(2) a[m]＝x

(3) flag＝1 或 flag＋＝1 或 flag＝flag＋1

(4) a[i]＞x

(5) insert(a,N,i,x)

2.

(6) c＝c－′A′＋′a′ 或 c＝c＋32

(7) c＝c－′a′＋′A′ 或 c＝c－32

3.

(8) struct student t(或其他变量名)

(9) j＝0; j＜n－i－1

(10) r[j], slore＜r[j＋1], slore

(11) t＝r[j],r[j]＝r[j＋1],r[j＋1]＝t;(分号逗号都可以)

4.

(12) n ％ 10

(13) n /＝ 10 或(n＝ n/10)! ＝0 或 n＝n / 10 或(n /＝ 10)! ＝0

5.

(14) char **p，int n 或 char *p[5]，int n

(15) i

(16) i+1

(17) name[i]或*(name+i)

6.

(18)(1):void 替换为double

(19)(2):double s＝0;

(20)(6):c＋＝credit[i＋＋];

五、程序设计题

1.

```
开始
   ↓
i←0,j←0,k←0
   ↓
i>=T?  —Yes→ 结束
   ↓No
txt[i]为字母
 Yes↙    ↘No
str[j]←txt[i]    num[k]←txt[i]
j←j+1            k←k+1
        ↓
     i←i+1
```

2.

```
int main()
{
    int price;   //存放商品价格的变量
    int num_1=0,num_5=0,num_20=0,num_50=0,num=0;
    scanf("%d",&price);
    while(price>=50 && num_50<=3){  price-=50;num_50++;  }
    while(price>=20 && num_20<=4){  price-=20;num_20++;  }
    while(price>=5 && num_5<=2){price-=5;  num_5++;  }
    while(price>=1 && num_1<=2){price-=1;  num_1++;  }
```

```
        num=num_1+num_5+num_20+num_50;
        if(price==0) {
                printf("最少需要%d张,其中50元%d张,20元%d张,5元%d张,1元%d
张\n", num, num_50, num_20, num_5, num_1);
        } else {
                printf("无法打印!\n");
        }
        return 0;
}
```

3.
```
void replace(char *src, char dest[], char *sub, char *word)
{
        int i,j,k,len_src,len_sub,len_word;
        char tmp[100];   //用于存放从src的下标i开始,与word等长子串
        i=0;   //用i扫src串
        k=0;   //用k扫dest串
        len_src=strlen(src);
        len_sub=strlen(sub);
        len_word=strlen(word);
        while(i<len_src) {
                for(j=0;j<len_word;j++) {   //从src串的下标i开始,取与word等长子串
                        tmp[j]=src[i+j];
                }
                tmp[j]='\0';
                if(strcmp(tmp,word)==0) {   //匹配上,直接将sub复制到dest
                        strcpy(dest+k,sub);
                        i+=len_word;
                        k+=len_sub;
                } else {   //没匹配上,将src[i]复制到dest
                dest[k++]=src[i++];
                }
        }
}
```

4.
```
struct student *create()
{
```

237

```
    int i=0;
    struct student *p,*head,*rear;
    head=NULL;
    while (i<20) {
        p=(struct student *)malloc(sizeof(struct student));
        scanf("%d",&p->Num);
        scanf("%f",&p->score);
        if(head==NULL) head=p;
        else rear->next=p;
        rear=p;
        i++;
    }
    if(rear! =NULL) {
        rear->next=NULL;
    }
    return head;
}


float  average(struct student *head)
{
    int num=0;
    struct student *p = head;
    float ave = 0;
    while (p) {
        ave+= p->score;
        p = p->next;
        num++;
    }
    return ave / num;
}


struct student *excellent(struct student *head, float ave)
{
    //head 为链表头,ave 为学生平均成绩
    /*补充本函数代码,实现功能:从以上链表中找出所有超过平均成绩的优秀学
生,按成绩从高到低的顺序创建一个新链表,链表头指向成绩最高的学生,并返回新链表
```

头。*/

```
    float swapscore;
    int count=0,i,j,swapnum;
    struct student *p = head, *q, *newhead, *q1, *q2;
    newhead = NULL;
    while(p) {    //头插法建立一个无序的链表
        if ( ave < p->score) {
            q = (struct student *)malloc(sizeof(struct student));
            q->score = p->score;
            q->Num = p->Num;
            q->next = newhead;
            newhead = q;
            count++;
        }
        p = p->next;
    }
    for(i=1;i<count;i++) {    //冒泡排序链表
        q1=newhead;
        for(j=0;j<count-i;j++) {
            q2=q1->next;
            if(q1->score < q2->score) {
                swapnum=q1->Num;
                q1->Num=q2->Num;
                q2->Num=swapnum;
                swapscore=q1->score;
                q1->score=q2->score;
                q2->score=swapscore;
            }
            q1=q1->next;
        }
    }
    return newhead;
}
```

另一种实现:

```
struct student *excellent(struct student *head, float ave)
{
```

```
struct student *p = head, *q,*pre, *newnode,*newhead;
newhead = NULL;
pre = NULL;
while (p) {
    if ( ave < p->score) {   //筛选出高于均分的学生
        newnode = (struct student *)malloc(sizeof(struct student));
        newnode->score = p->score;
        newnode->Num = p->Num;
        newnode->next = NULL;   //这一句也可以放到尾插部分
        //newnode节点继承该学生信息,有序插入新链表
        q = newhead;
        while (q) {   //用q遍历新链表,找插入点
            if ( newnode->score <q->score) {
                pre = q;   //pre为q前一节点
                q = q->next;
            } else {
                break;
            }
        }
        if (q == newhead) {   //新链表为空或插入在第一个结点前
            newnode->next = newhead;
            newhead = newnode;
        } else if (! q){   //插入在最后一个结点后
            pre->next = newnode;
        } else {   //插入位置在中间
            newnode->next = q;
            pre->next = newnode;
        }
    }
    p = p->next;
}
return newhead;
}
```

A.4 综合测试(4)

一、单选题

1. D 　2. A 　3. B 　4. D 　5. D 　6. B 　7. B 　8. D 　9. B

10. D 　11. B 　12. B 　13. D 　14. D 　15. B 　16. D 　17. C 　18. B

19. B 　20. A 　21. D 　22. A 　23. C 　24. D

二、不定项选择题

1.ACD 　2.BD 　3.ABD 　4.BC 　5.BCD 　6.ABCD

三、填空题

1.(1) 213.83

2.(2) 1

3.(3) 11

4.(4) 0

5.(5) 200 　(6) 100

6.(7) (x>='A' && y>='A' && x<='Z' && y<='Z' || x>='a' && y>='a'
&& x<='z' && y<='z')

7.(8) 0

8.(9) 3

9.(10) 0

四、程序填空题

1.

(1) a[i]%j==0

(2) break

(3) j==a[i]

(4) a

2.

(5) j=0

(6) str

(7) str[i]! ='\0'或i<strlen(str)

(8) str[i]>='A'&&str[i]<='Z'||str[i]>='a'&&str[i]<='z'

3.

(9) N+1

(10) m

(11) i-1

(12) m

4.

（13）salary/500

（14）return salary*0.05 ；

（15）return salary*0.15 ；

5.

（16）mid＋1

（17）mid 或（mid）

（18）mid－1

（19）－1

（20）a,N,key 或 a,11,key

五、程序设计题

1.

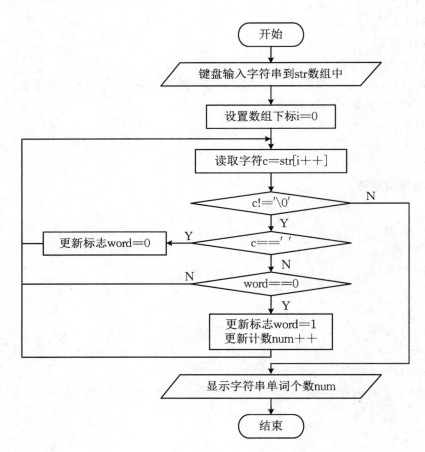

2.

```
int strfind（char str1[] ,char str2[]）{
     int i＝0, len1＝strlen(str1), len2＝strlen(str2)；
```

```
    char temp[10];
    while( *str1! =0 ) {
        strncpy( temp, str1 ,len2);
        temp[len2]=0;
        if(! strcmp(temp,str2)) {
            break;
        }
        else {
            str1++;
        }
        i++;
    }
    if(i==len1) {
        return 0;
    }
    return i+1;
}
3.
void indata(struct employee empy[])
{
    int i;
    for(i=0;i<N;i++) {
        scanf("%s%d%f",empy[i].name,&empy[i].ID,&empy[i].salary);
    }
}


void sort(struct employee empy[])
{
    int i,j,k;
    for(i=1;i<N;i++) {
        j=0;
        while(empy[j].salary<empy[i].salary&&j<i) {
            j++;
        }
        if(i! =j) {
            temp=empy[i];
```

```
            for (k=i;k>j;k--) {
                empy[k]=empy[k-1];
            }
            empy[j]=temp;
        }
    }
}


void findata(struct employee empy[])
{
    FILE *fp;int i;
    fp=fopen("d:\\employee.txt", "w");
    if(fp==NULL) {
        printf("File open error");
        return;
    }
    for(i=0;i<N;i++) {
        printf(fp,"%s  %d  %f\n",empy[i].name,empy[i].ID,empy[i].salary);
    }
    fclose(fp);
}


void foutdata(struct employee empy[])
{
    FILE *fp;int i;
    fp=fopen("d:\\employee.txt","r");
    if(fp==NULL) {
        printf("File open error");
        return;
    }
    for(i=0;i<N;i++) {
        fscanf(fp,"%s%d%f",temp.name,&temp.ID,&temp.salary);
        printf("%s %d %f\n",temp.name,temp.ID,temp.salary);
    }
    fclose(fp);
}
```

4.

```
link * initlink( int N )
{
    link *head, p, temp;
    head=(link*)malloc(sizeof(link));
    if( head == NULL ) {
        return NULL;
    }
    head->c=getchar();
    temp=head;
    for (int i=1; i<N; i++) {
        p=(link*)malloc(sizeof(link));
        if( p == NULL ) {
            return NULL;
        }
        p->c = getchar();
        p->next=NULL;
        temp->next=p;
        temp=temp->next;
    }
    return head;
}

link *reverselink(link *H)
{
    if(H == NULL || H->next == NULL){
        return H;
    }
    link *temp, *p = H, *newH = NULL;
    while(p ! = NULL) {
        temp = p->next;
        p->next = newH;
        newH = p;
        p = temp;
    }
    return newH;
}
```

附录B C语言开发环境

工欲善其事,必先利其器。开始学习程序设计之前先要找一个好用的编程工具。考虑到本书读者大多是程序设计的初学者,自行在网络上搜索编程工具的安装与使用,不仅费时费力,还不一定能成功。为此,本书整理了Windows操作系统下常用的4种C语言开发环境工具的安装与使用过程。

对编程工具较为熟悉的读者可以略过本部分内容。其他读者可根据如下的说明,针对自己的情况选择合适的编程工具:

(1) 使用Windows操作系统、计算机硬件配置较高(如16G及以上内存、128G及以上SSD硬盘)的程序设计初学者,建议选择Code::Blocks。

(2) 使用Windows操作系统、计算机硬件配置较低(如8G内存、64G以下SSD硬盘)的程序设计初学者,建议选择Dev-C++。

(3) 有一定编程基础且有较为丰富的软件安装使用经验的读者,可以选择VS Code或Visual Studio。

(4) 使用Mac OS操作系统的读者,建议选择VS Code,也可选择Xcode。

(5) 有较为丰富的操作系统与应用软件使用经验且喜欢挑战的读者,可以自行安装Linux系统与GCC编译器。

B.1 Dev-C++

对C语言初学者来说,Dev-C++是最容易上手的编程工具。它是一款仅能运行在Windows操作系统下的轻量级C/C++集成开发环境(IDE),是自由开源软件。Dev-C++的优点是软件规模小、启动快、消耗内存少、功能简洁且安装使用简便,缺点是缺乏维护更新且功能并不完善,甚至存在一些问题和错误。

Dev-C++原开发公司Bloodshed在2011年发布了v4.9.9.2后停止开发。后来,独立开发者Orwelldevcpp继续更新开发,2016年发布了最终版本v5.11之后停止更新(下载链接https://sourceforge.net/projects/orwelldevcpp/)。虽然最终版陈旧且有一些缺点,但是对初学者来说都不是太大的问题,比如没有完善的可视化开发功能,不适用于开发图形化界面的软件等。

Dev-C++使用MingW64/TDM-GCC编译器(用户可以设定使用最新的编译器)。开发环境支持汉化,包括多页面窗口、程序编辑器以及调试器等,在工程编辑器中集合了编辑器、编译器、连接程序和执行程序,提供高亮度语法显示,有基本完善的调试功能。

　　喜欢深入探究的读者,可以选择编程爱好者开发与维护的两个Dev-C++的分支版本,其一是国内的"小熊猫 Dev-C++",其二是国外的"Embarcadero Dev-Cpp",它们都是基于最终版Dev-C++进行的开发和维护。

1. 资源的下载

　　(1)国内维护的Dev-C++网址:https://royqh.net/redpandaCpp/download
　　(2)国外维护的Dev-C++网址:https://github.com/Embarcadero/Dev-Cpp

2. 软件的安装

1) 安装版Dev-C++的下载安装

　　上述资源下载网站中后缀为Setup.exe的文件即为安装版软件,如 Embarcadero_Dev-Cpp_6.3_TDM－GCC_9.2_Setup.exe 或 Dev-Cpp. 6.7.5. MinGW-w64. X86_64. GCC.10.3. Setup. exe"等。双击下载的安装文件,按提示一步步(如选择语言,接受许可,选择组件和安装位置等,一般选择默认即可)完成安装。双击桌面上的Dev-C++图标即可开始编程。

2) 便携版Dev-C++的下载安装

　　便携版的Dev-C++安装文件都是压缩文件,与安装版相比文件更小,如Embarcadero_ Dev-Cpp_6.3_TDM－GCC_9.2_Portable. 7z 或 Dev-Cpp. 6.7.5. MinGW-w64. X86_64.GCC.10.3. Portable.7z。用7zip或Winrar等压缩软件解压到计算机中指定(或默认)的文件夹即可。在解压后的文件夹中双击"devcpp.exe"文件即可运行Dev-C++开始编程。为方便后续使用Dev-C++,可以在"devcpp.exe"文件点击鼠标右键,在弹出的菜单里点击"发送到"菜单下的"桌面快捷方式",在桌面上创建一个"devcpp.exe"的快捷方式。

3. 软件的配置与使用(以小熊猫Dev-Cpp.6.7.5为例)

　　初次运行软件,在弹出配置窗口进行软件环境配置。也可以在打开软件界面后,通过"Tools"(工具)菜单下的"Environment Options"(环境参数)、"Editor Options"(编辑器参数)命令来设置软件的参数。

　　(1)可以选择"简体中文/Chinese",软件界面将呈现简体中文界面,也可以选择"English(Original)"保持英文界面,如图B.1.1。点击"Next"按钮进入下一步。

　　(2)在图B.1.2中设置个人偏好的主题,如设置字体、颜色、图标。设置完成后点击"Next"完成配置。

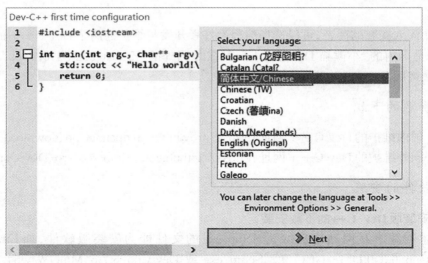

图 B.1.1　选择软件显示语言

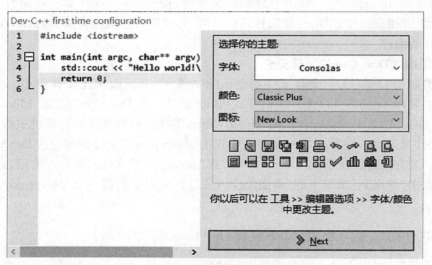

图 B.1.2　选择与设置主题

（3）编译器的设置：Dev-C++其实只是一个提供了与编译器接口的图形界面编辑器IDE。要进行C/C++程序的开发，还需要与MinGW-w64或TDM-GCC等编译器一起才能实现。一般在安装带编译器的Dev-C++后，打开Dev-C++软件时都可以自动找到自带的编译工具。如果因单独安装编译器等因素找不到C/C++编译器，需要在Dev-C++软件界面点击"Tools"（工具）菜单下的"Compiler Options"（编译器参数）命令来设置编译器。在打开的"编译器选项"对话框中，可以自动搜索添加，也可以手动从文件夹里设置等，如图B.1.3所示。

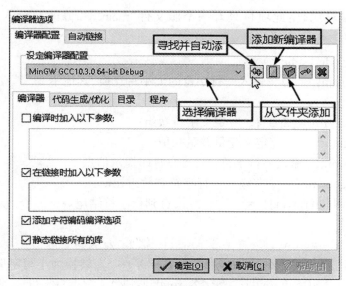

图 B.1.3　设置编译器

（4）创建 C 程序项目并编写代码：

① 创建 C 程序项目：点击"File"（文件）菜单下"New"（新建）子菜单里的"Project"（项目）命令，则弹出新项目设置窗口，如图 B.1.4。根据具体开发项目类型进行选择与设置。在这里，选择创建"Console Application"（控制台应用程序），C 项目，并勾选"缺省语言"，输入项目名称（lwr_x_upr），并指定项目存储文件夹，然后点击"确定"按钮完成创建一个新项目。默认产生以项目名命名的文件夹和"项目名 .dev"项目文件，以及包含主要头文件及 main 函数框架的"main.c"文件。接下来可以编辑"main.c"文件或根据设计需要为当前工程添加一个或多个"源文件"并输入相应的代码，以完成设计项目的任务。

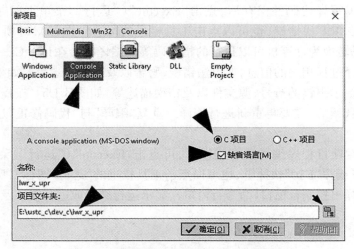

图 B.1.4　设置新创建的"控制台应用"项目

② 输入、编辑代码：此项目只有一个源文件"main.c"，修改与输入以下 C 代码到"main.c"文件中。

```
01    #include <stdio.h>
02    int main()   //将输入一行字符的大小写互换，其他不变
03    {
04        char row[200];   //定义字符数组
05        int i=0;   //定义变量并赋初值
06        printf("输入一行字符:");   //打印提示信息
07        gets(row);   //输入一行字符到数组 row
08        while(row[i]! ='\0')   //没有到行字符结尾
09        {
10            if(row[i]>'A' && row[i]<'Z')   //大写字母
11                row[i]=row[i]+('a'-'A');   //转换为小写字母
12            else if(row[i]>'a' && row[i]<'z')   //小写字母
13                row[i]=row[i]-32;//('a'-'A');   //转换为大写字母
14            i++;   //下一个字符
15        }
16        printf("%s\n",row);   //输出转换后的一行字符
17        return 0;
18    }
```

③ 点击工具栏中的"保存"按钮（或按"Ctrl＋S"快捷键）保存"main.c"文件，或点击"全部保存"按钮（快捷键"Shift＋Ctrl＋s"）保存所有项目文件。

（5）编译、运行与调试项目程序：

① 编译：编写好代码并保存后，点击"Execute"（"运行"）菜单下的"Compile"（"编译"）命令（或按"F9"快捷键，也可以点击工具栏里的"编译"图标），对项目程序进行编译，即将源代码转换为计算机可以执行的指令码等。编译时会在 Dev-C＋＋界面下方小窗里显示与编译过程相关的信息，如语法错误、警告以及编译日志等。如果有错误，在软件界面下方会提示出错的行号，源文件以及错误描述等，如图 B.1.5。按提示信息找到问题并修正程序代码后，需要再重新进行编译。重复"编译"与"代码修正"过程，直到不再提示错误信息。

② 运行：对项目程序编译没有错误后，可点击"Execute"（"运行"）菜单下的"Run"（"运行"）命令（或按"F10"快捷键，也可以点击工具栏里的"运行"图标），执行项目程序。运行程序后会弹出控制台窗口（命令行窗口），显示运行结果或进行输入及输出交互处理等。如图 B.1.6。

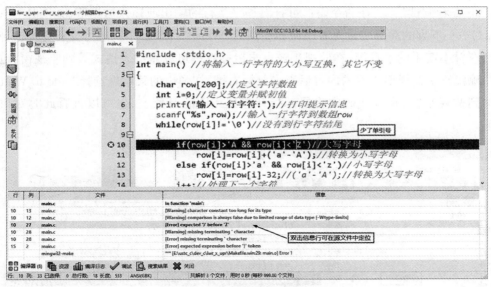

B.1.5 查看编译提示信息

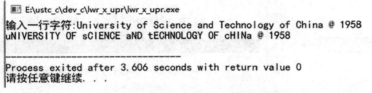

图B.1.6 程序运行时的界面与结果

③ 也可以点击"Execute"("运行")菜单下的"Compile & Run"("编译并运行")命令（或按"F11"快捷键,也可以点击工具栏里的"编译并运行"图标）,一步实现编译后运行程序。

④ 开启调试:在程序中的代码行上设置调试断点（断点是程序调试时可以停下来的点。点击代码行行号前的空白处,或点击代码行后按Ctrl＋F4快捷键可以为代码行添加断点。再次点击后取消）,然后点击"Execute"("运行")菜单下的"Debug"("调试")命令（或按"F5"快捷键,也可以点击工具栏里的"调试"图标）,开启程序调试。注意:开始调试后,Dev-C＋＋的界面发生了变化,在下方的小窗里出现了多个调试信息页,如"GDB Console"（GDB控制台）、"Breakpoints"（断点）、"Locals"（局部变量）等,在编辑器左侧打开"Watch"（监视）小窗等,在工具栏上出现了调试控制命令,并在源代码的第一个断点或入口处出现高亮显示等等。

⑤ 调试控制:点击工具栏上或"Execute"（运行）菜单下的调试控制命令,如"Step Over"命令一次执行一行代码且遇到函数调用不进入函数内部、"Step Into"命令一次执行一行代码并遇到函数调用会进入函数内部、在调用的函数内部执行"Step Out"命令会跳出函数、"Continue"命令会继续执行到下一个断点等。

⑥ 查看调试信息：在命令窗口可查看程序执行的输出或输入数据等，如图 B.1.7；在 Dev-C++下方的局部变量查看小窗和左侧的"Watch"（监视）小窗中可查看变量值与添加到查看小窗中的信息等；在监视小窗点击鼠标右键可以添加表达式等到监视窗，也可以在源代码中选择要查看的内容后点击鼠标右键，在弹出的菜单里选择"Add to Watch"添加到监视小窗；在源代码中将鼠标指针移到相应的对象上，也可以查看此时对象的值等。

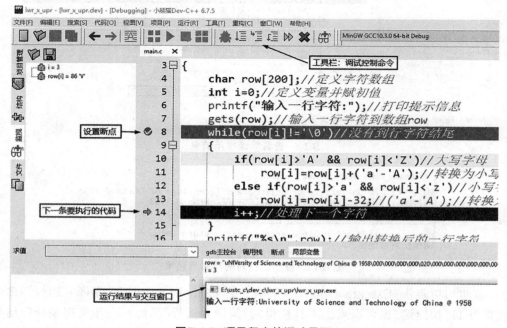

图 B.1.7 项目程序的调试界面

⑦ 点击工具栏上的"Stop Execute"（停止执行）或"Execute"菜单下的"Stop Execute"命令结束调试。

（6）Dev-C++单个文件形式的 C 程序设计：

① Dev-C++支持单个的 C 程序文件进行程序设计，而无需创建项目文件，即将所有的代码都写入一个"源文件"（如 .c 程序文件）里。这对学习 C/C++程序设计者来说是非常便利的。对于复杂的设计，还是建议使用创建项目的方式进行开发。

② 单个文件形式的 Dev-C++程序设计，需要关闭所有的 Dev-C++项目：点击"File"（文件）菜单下的"Close Project"（关闭项目）命令来关闭打开的项目。

③ 创建源文件：点击"File"（文件）菜单下"New"（新建）子菜单里的"Source File"（源文件）命令（或按 Ctrl+N 快捷键），新创建一个源文件。然后可以直接打开源文件编辑窗口，编写程序代码。注意此时的源文件是没有起文件名的，当点击"File"（文件）菜单

下"Save"(保存)命令(或按Ctrl＋S快捷键,也可以点击工具栏上的"保存"图标)进行源文件保存时,可以指定源文件的文件名,注意扩展名代表了设计语言的类型,如.c表示C程序等。

④ 接下来的编译、运行与调试方法与Dev-C＋＋项目开发方式时的使用方法相同。

(7)更多新的程序设计请重复以上过程。注意Dev-C＋＋每次只能打开一个项目作为当前的设计项目。但对于单文件的开发方式则可以同时打开多个设计源文件,只要打开要运行的源文件,使其成为当前可编辑的文件(活动文件)即可。

(8)更多的基于Dev-C＋＋的程序设计方法等请参考软件手册。

B.2 Code∷Blocks

1. 官方网站

https://www.codeblocks.org/

2. 特点

Code∷Blocks是一款开源,跨平台,免费的C,C＋＋和Fortran IDE(Integrated Development Environment——集成开发环境:提供程序开发环境的软件,一般包括代码编辑器、编译器、调试器和图形用户界面等工具)。Code∷Blocks的主要特色有:

(1)开放源代码软件(遵循GPLv3)[1],读者可自由使用。

(2)跨平台软件,支持在Linux、Mac、Windows等操作系统进行开发。

(3)用C＋＋语言编写而成,无需专有库等。

(4)可通过插件(Plugins)进行扩展。

注:正文中小括号里的内容含义与其前的内容相同或类似选择项,下同。

3. 编译器(Compiler)

Code∷Blocks支持多种编译器,如:GCC(MinGW/GNU GCC)、MSVC＋＋、Clang等。能够快速地构建(Build)程序系统(无需makefile文件)、支持并行构建(利用多核CPU)、创建多目标项目(Project)、多项目并存的工作区(Workspace)、工作区中的项目间可依存、支持导入MSVC项目和工作区(注意:尚不支持汇编代码)、支持导入Dev-C＋＋项目等。

4. 调试器(Debugger)

Code∷Blocks支持GNU GDB和MS CDB(功能不全)调试器等。同时支持完整的断点(Breakpoints),包括:代码断点、数据断点(读、写与读和写)、条件断点(仅当表达式为真时才中断)等。另外可以在调试监视(Watch)窗口显示局部函数符号和参数、支持通过脚本(Script)监视用户定义的类型,还可以查看调用堆栈(Call Stack)、汇编代码(Disassembly)、内存空间(以存储器转储方式)、CPU寄存器(Register)等。

5. 可扩展插件(Extensible Plugins)

Code∷Blocks具有良好的可扩展插件接口,如通过扩展接口实现代码的高亮显示、支持C/C++/Fortran/XML等程序文件的代码折叠(Code Folding)、支持标签式界面、代码自动补全(Code Completion)和智能缩进(Smart Indent)等等。

6. 下载安装

(1) 在Code∷Blocks官方网站点击"Downloads"(下载)链接进入下载选择页面,可以直接下载编译过的安装程序包,也可以下载Code∷Blocks软件的源代码。

(2) 再点击"Download the binary release"(下载二进制版本)进入安装程序包的下载页面。此页面中提供了Windows、Linux、Mac OS三个不同操作系统的多种版本。需要根据计算机所安装的操作系统选择合适的安装程序包。

(3) 如在Windows操作系统中安装Code∷Blocks,可以下载".exe"结尾的可执行安装文件,或者下载免安装的".zip"结尾的压缩文件。codeblocks-xx.xx[1]-setup.exe文件是包括所有插件的64位安装文件;codeblocks-xx.xx[1]mingw-setup.exe则是包括所有插件且带有编译调试工具MinGW的64位安装文件,MinGW(只有32位版本)/MinGW-w64(包含32位与64位版本)/TDM-GCC(包含32位与64位版本)等是GCC编译器的Windows版本,支持C、C++等编程语言的编译和调试等;codeblocks-xx.xx[1]nosetup.zip文件是包括插件的64位免安装压缩文件,解压缩后就可以使用Code∷Blocks。codeblocks-xx.xx[1]mingw-nosetup.zip则是包括插件且带有编译调试工具MinGW的64位免安装压缩文件。含有"—32bit"的文件则是对应于32位的codeblocks软件。

注:xx、xx表示CodeBlocks软件的版本编号。

(4) 推荐初学者下载codeblocks-xx.xxmingw-setup.exe安装文件。点击安装文件名右侧对应的"FossHUB"或"Sourceforge.net"下载链接进行下载,如弹出下载提示窗口,可保存默认或选择其他文件保存位置进行下载。

(5) 双击安装文件开始安装Code∷Blocks,完整的步骤如图B.2.1至图B.2.6所示。

(6) Linux系统或mac OS系统下安装Code∷Blocks,请下载对应的安装程序,并参考Code∷Blocks网站的相关说明及注意事项后进行安装。

图 B.2.1 安装 code::blocks 的欢迎界面,点击"Next"进入下一步

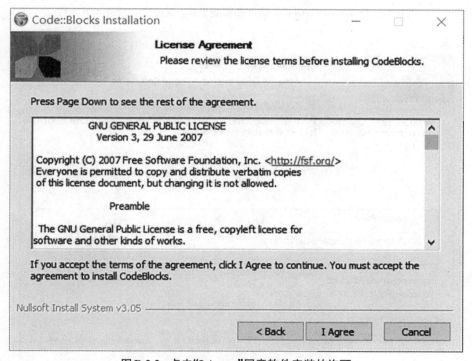

图 B.2.2 点击"I Agree"同意软件安装的许可

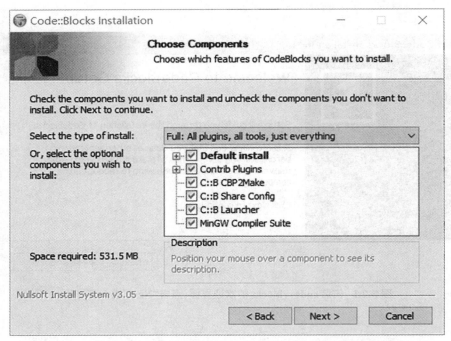

图 B.2.3 选择 Code::Blocks 软件的安装组件，点击"Next"进入下一步

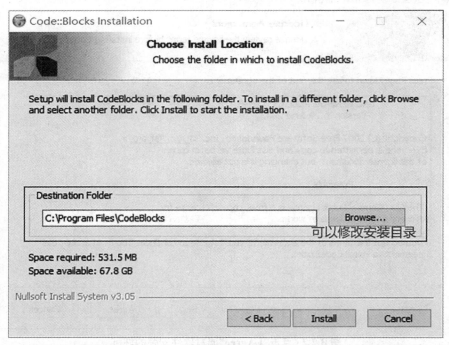

图 B.2.4 选择 Code::Blocks 安装到计算机的文件夹，点击"Install"开始安装

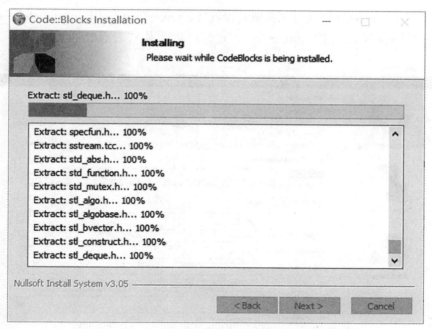

图 B.2.5　Code∷Blocks 的安装进行中,请等待

图 B.2.6　Code∷Blocks 安装完成,点击"Finish"完成安装

7. 基本配置

（1）Code∷Blocks 初次运行时会自动检测编译器。如果没有安装其他编译器或者带有编译器的其他软件,窗口中只会有"GNU GCC Compiler"高亮显示,选中希望作为默认的编译器,点击右侧的"Set as default"将其设置为默认编译器,点击"OK"按钮进入Code∷Blocks 主界面。如果没有找到编译器,可以在打开 Code∷Blocks 软件后,点击"Settings"（设置）菜单下的"Compiler..."命令,打开"Compiler settings"（编译器设置）窗口,然后选择窗口左侧的"Global compiler settings"（全局编译器设置）,再点击右侧的

"Toolchain executables"（可执行工具链），设置"Compiler's installationg directory"（编译器所安装的文件夹），可以点击"Auto-detect"进行自动检测，或者点击三个点进行手工设置。

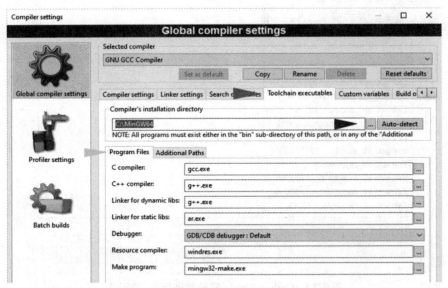

图 B.2.7　设置 Code::Blocks 的编译器

（2）设置文件关联（File Association）。在第一次运行软件时弹出的文件关联窗口中，可以选择关联 C/C++ 程序等。如果选择了关联 C/C++ 程序，那么在"此计算机"或"计算机"中双击 C 或 C++ 程序文件时会自动用 Code::Blocks 打开。后期也可以通过"Settings"（设置）菜单下的"Environment"（环境设置）命令，设置更多的软件参数，如在"General settings"（常规设置）中，点击"Check & set file assocaitons（Windows only）"（检查并设置文件关联）后的"Set now"（立即设置）和"Manage"（管理）按钮进行文件关联的设置等。如图 B.2.8，图 B.2.9 所示。

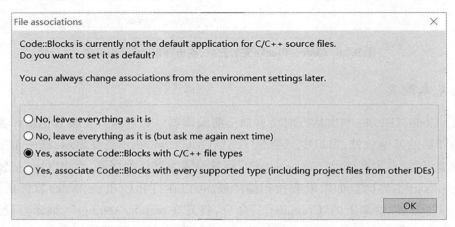

图 B.2.8 第一次运行 Code::Blocks 软件时选择关联 C/C++文件类型

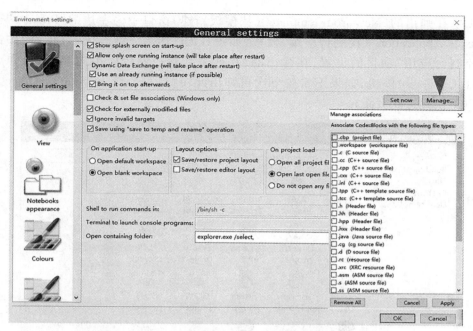

图B.2.9　Code∷Blocks文件关联等更多参数的设置

8. Code∷Blocks软件的使用

在正确安装和设置Code∷Blocks软件后,下面以"编写C语言程序实现两个数相减的运算,并输出结果"为例来介绍Code∷Blocks 20.03软件的使用。

(1) 在Code∷Blocks软件界面,依次点击"File"(文件)菜单下的"New"(新建)子菜单里的"Project"(项目或工程)命令,开始创建一个新的Code∷Blocks项目。如图B.2.10所示。

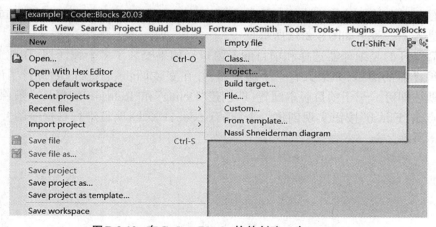

图B.2.10　在Code∷Blocks软件创建一个Project

（2）在弹出的"New from template"（从模板新建）窗口中为左边的"Projects"选择"Console Application"（控制台应用）模板，如图 B.2.11 所示。点击"Go"（前进）按钮进入"控制台应用"项目的设置，在弹出的"欢迎来到新控制台应用向导"窗口中点击"Next"（下一步）按钮，如果不希望下次再弹出此窗口，可勾选上"Skip this page next time"（下次跳过此页面）。

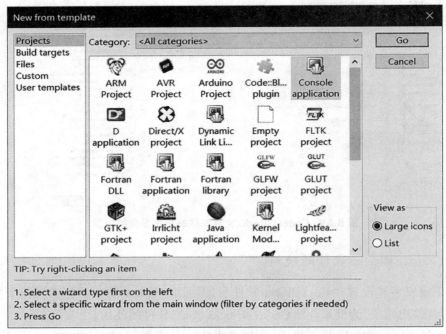

图 B.2.11　为新的 Project 选择"Console application"模板

接着在弹出的编程语言选择窗口中选择使用"C"，再点击"Next"，并在弹出的 Project 设置窗口中输入项目标题，尽可能用有代表意义的字母数字等名称，如"c_cb_2-sub"。然后设置项目存储在计算机中的文件夹，项目文件名可默认保持与项目标题相同。点击"Next"进入下一步。如图 B.2.12 所示。

最后打开的是编译器选择和项目配置窗口。如果安装了多个编译器，在此窗口，可以选择编译器的类型，如果只有一个编译器，并在安装 Code::Blocks 时进行了设置，这里保持默认即可。至于项目版本配置（即创建"Debug"和"Release"配置），一般保持默认即可。点击"Finish"按钮实现创建一个新的 Code::Blocks 项目进行 C 程序的开发。如图 B.2.13 所示。

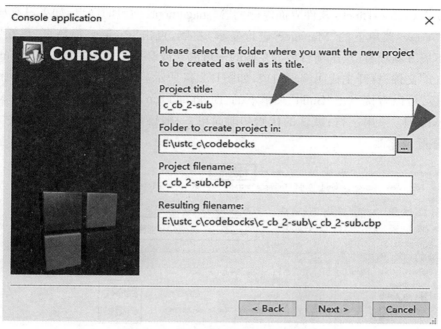

图 B.2.12　设置项目标题和存储位置等

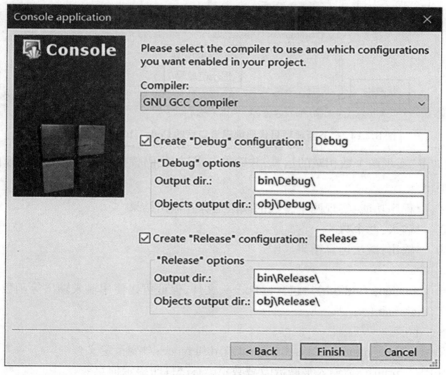

图 B.2.13　编译器的选择和项目版本配置

（3）在 Code：：Blocks 软件界面左侧的"Management"（管理）窗口（如果没有显示，可以点击"View"菜单下的"Manager"进行显示）左侧，点击"Project"标签页，再在"Worksapce"下展开新项目（点击项目名等左侧的＋可展开或合拢），鼠标左键双击"Sources"下的"main.c"文件，打开主代码编辑窗口，如图 B.2.14 所示。main.c 文件中默认添加了 C 程序的模板，可以直接点击"Build"菜单下的"Build and run"命令进行构建和运行，即打印"Hello world！"一串字符；默认的代码功能简单，一般还需根据新的设计要求对模板代码进行删除或修改。

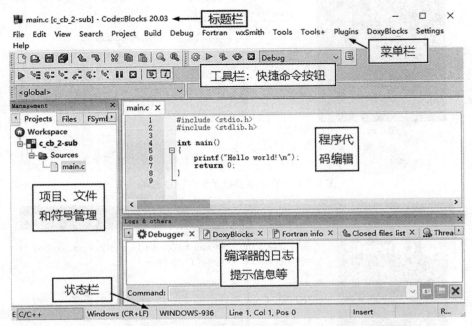

图 B.2.14　打开新建项目代码编辑窗口后的 Code：：blocks 软件界面

用如下"实现两个数相减的运算，并输出结果"的代码替换默认的 C 程序模板代码。

```
01   /*
02   *程序功能:实现两个整数的减法运算并输出结果
03   *输入:两个数
04   *输出:减法运算结果
05   */
06   #include <stdio.h>/*包含stdio.h头文件,保证可以使用输入输出等函数*/
07   int main()
08   {
09       int i_minuend, i_subtrahend, i_difference;/*变量定义*/
10       printf("请输入被减数及减数:\n");/*打印提示信息*/
```

```
11      scanf("%d",&i_minuend);/*通过输入数据到变量,注意变量前要加&
12  符号*/
13      scanf("%d",&i_subtrahend);
14      i_difference = i_minuend − i_subtrahend;/*实现减法运算及赋值*/
15      printf("%d - %d=%d\n", i_minuend ,i_subtrahend ,i_difference);/*打
16  印运算结果*/
17      return 0;/*函数返回值*/
18  }
```

注意示例程序每行前的数字是排版时添加的行号,不是C程序本身的组成,下同。

(4) 点击"Build"菜单下的"Build"(也可以点击快捷工具栏图标,或者按Ctrl＋F9快捷键),对当前项目进行构建(编译与链接,即从源代码生成可执行文件)。如果软件窗口下方的"Logs & Others"中的"Build Log"(构建日志)或"Build messages"(构建信息)标签页没有错误及警告提示信息,则表明程序语法正确,可以点击"Build"菜单下的"Run"命令运行当前的项目(从C代码转换而来的计算机可以执行的程序)。如图B.2.15所示。

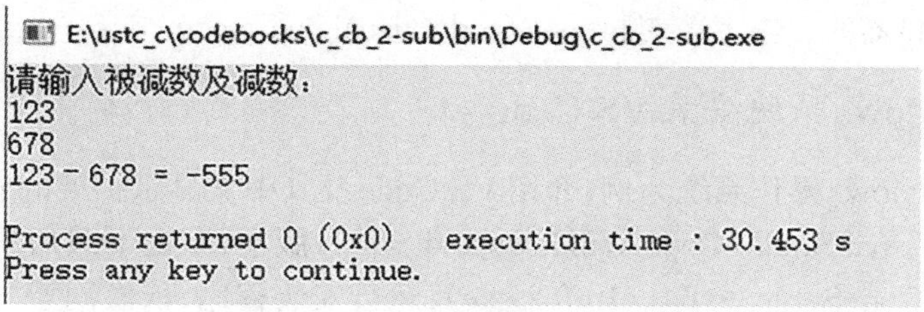

```
 E:\ustc_c\codebocks\c_cb_2-sub\bin\Debug\c_cb_2-sub.exe
请输入被减数及减数:
123
678
123 - 678 = -555

Process returned 0 (0x0)    execution time : 30.453 s
Press any key to continue.
```

图 B.2.15　C程序项目的运行

(5) 更多新的C/C++程序设计请重复以上过程,另外Code::Blocks可以在工作区中同时管理多个项目。更多的Code::Blocks软件使用方法请参考软件手册。

B.3　Visual Studio Code

1. 官方网站

https://code.visualstudio.com/

2. 特点

Visual Studio Code (简称VS Code或VSC)是一款开源,跨平台,免费的现代化轻量级源代码编辑器,VS Code的主要特色有:

(1) 支持主流计算机开发语言的语法高亮、智能代码补全、自定义热键、括号匹配等等。

(2) 内置命令行工具和Git版本控制。

（3）支持插件扩展，支持更多的语言与功能，并针对网页和云端应用开发做了优化。

（4）可在Windows、Mac OS以及Linux平台使用。

（5）基于TypeScript和Electron框架构建。

3. 下载VS Code

在官方网站上点击"Download for Windows(Stable Build)"后向下的箭头，可以下载64位的用户安装版VSC；或者点击右上角的"Download"打开更多版本（64位或32位、用户或系统安装版本等）的VSC下载页面。其中用户安装版与系统安装版的主要区别是安装到计算机中的文件夹不同。

（1）在Linux系统安装VS Code并为C/C++语言配置使用GCC编译器和GDB调试器（GCC代表GNU编译器集合；GDB是GNU调试器）的方法，请参考https://code.visualstudio.com/docs/cpp/config-linux/。

（2）在macOS系统安装VS Code并为C/C++语言配置使用Clang/LLVM编译和调试器的方法，请参考https://code.visualstudio.com/docs/cpp/config-clang-mac/。

（3）在Windows系统中安装VS Code并为C/C++语言配置使用Microsoft Visual C++编译和调试器的方法，请参考https://code.visualstudio.com/docs/cpp/config-msvc/。

4. 在Windows系统安装VS Code

下面以Windows操作系统为例，介绍VS Code及其中文显示扩展的安装步骤。

（1）下载Visual Studio Code Windows x64 Stable版本，双击下载后的VS Code安装文件名（如：VSCodeSetup-x64-1.63.2.exe），运行安装程序，依次同意"许可协议"并点击"下一步"、选择"安装到计算机中的位置"（可保留默认位置）并点击"下一步"、默认"开始菜单文件夹"后点击"下一步"、选择"附加任务"（可以保持默认选择或勾选"创建桌面快捷方式"）后点击"下一步"，最后在"准备安装"界面点击安装。

（2）安装结束后，可以选择"运行Visual Studio Code"，或双击桌面上的Visual Studio Code图标，也可以点击开始菜单里的Visual Studio Code图标，运行Visual Studio Code软件。在第一次打开VSC软件界面后可以根据右下角的提示信息安装中文显示并使用，如图B.3.1所示。也可以点击左侧活动栏上的"Extensions"（扩展）图标（或点击左下角的"Manage"图标后再点击"Extensions"，或按Ctrl+Shift+X快捷键），在展开的扩展列表中搜索"Chinese"，并在搜索结果里选择"Chinese (Simplified) Language Pack for Visual Studio Code"简体中文的扩展包，如图B.3.2所示，并点击"Install"（安装）或在右侧扩展详情显示页面中点击"Install"完成VS Code中文语言本地化界面的安装，在重启VS Code后，其界面就本地化为中文显示了。如要切换回英文界面，可卸载或者在工作区中停用此扩展程序后并重启VS Code即可。

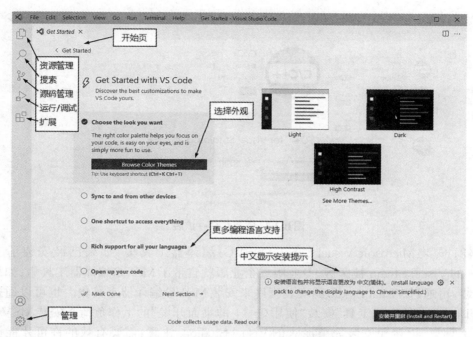

图B.3.1 Visual Studio Code软件界面

图B.3.2 通过扩展安装中文显示

5. 为Windows系统下的VS Code配置"Microsoft C/C++"编译调试环境

（1）按照上一步的方法安装VS Code。

（2）为VS Code安装C/C++扩展：打开VS Code，点击其左侧活动栏上的"Extensions"（扩展）图标或按Ctrl+Shift+X快捷键并搜索"cpptools"或者"C++"关键词，点选"C/C++"，如图B.3.3。在右侧扩展详情显示页面中点击"Install"，完成"C/C++"扩展的安装。此扩展只是在编写C/C++代码时，提供代码语法高亮、智能补全、错误检查和代码浏览等功能。如只是简单地编译和运行C/C++程序，可再安装"Code Runner"扩展即可。如果还要调试C/C++程序，就要安装专门的编译和调试器，如Microsoft C++、MinGW—w64、TDM—GCC等。

图 B.3.3 安装 C/C++扩展

（3）安装 Microsoft Visual C++（MSVC）编译器工具集：如果已经安装了支持 C++的 Visual Studio 社区版、专业版或企业版就自带了 MSVC 编译器工具集；如果没有安装，可通过 Visual Studio 的安装程序来安装 MSVC 编译器工具集。也可以通过下载"Visual Studio 生成工具"安装"使用 C++的桌面开发"的工作负荷来安装 MSVC 编译器工具集，以避免安装完整庞大的 Visual Studio。注意：需要有效的许可才能使用 MSVC 编译器工具集。这里使用的是正版 Visual Studio 企业版 2017。

（4）检查 Visual C++的安装：在开始菜单找到"Visual Studio"的菜单文件夹并展开，点击"VS 2017 的开发人员命令提示符"，在打开的命令窗口输入"cl"命令并回车，可以看到 C++编译器的版本，版权以及"cl.exe"命令的基本用法，如图 B.3.4。

图 B.3.4 检查 Visual C++的安装

（5）创建项目文件夹，并添加源文件：

① 在"VS 2017 的开发人员命令提示符"窗口切换到程序设计的工作路径下。如输入"E:"并回车切换到 E:\盘，再输入"cd ustc_c"并回车切换到 E:\ustc_c 文件夹（注意在切换前，盘或文件夹必须存在）。然后输入"mkdir vscode_c"命令并回车新建文件夹"vscode_c"，再到"vscode_c"文件夹里新建"helloworld"项目文件夹（如图 B.3.5 所示），最后到"helloworld"文件夹下输入"code ."命令并回车打开 VS Code，即让文件夹"E:\ustc_c\vscode_c\helloworld"成为 VS Code 项目"Hello World"的当前工作文件夹。在

打开VS Code时勾选信任上层文件夹的作者并点击"是的,我信任作者…"。

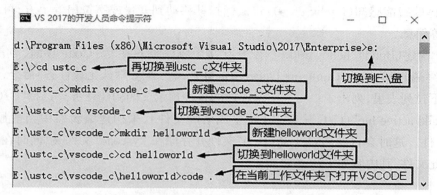

图 B.3.5   切换到新创建的项目工作文件夹并打开 VS Code

② 添加一个源文件到当前项目:在资源管理器的项目名一栏点击"New File"新建一个项目源文件(如图 B.3.6 所示),并命名为"helloworld.c"后回车。在工作区打开的"helloworld.c"文件里输入以下 C 程序代码。

图 B.3.6   添加源文件到项目

```
01  #include 〈stdio.h〉
02  int main()   //打印字符串
03  {
04      int i,j;   //定义变量
05      char str[]="Hello World";   //定义字符数组
06      for(i=0;str[i]! =0;i++){   //循环次数是字符串长度
07          for(j=0;j<i;j++){
08              printf(" ");   //补空格
09          }
10          printf("%s\n",&str[i]);   //每次少打印一个字符
11      }
12      return 0;
13  }
```

按Ctrl+s快捷键保存以上输入的C代码。

③ 体验智能感知(IntelliSense):将鼠标指针移动到变量或字符串等上方,可以看到其类型等信息。

(6) 构建(Build)"helloworld.c"(配置默认生成任务):在VS Code界面,点击"Terminal"(终端)菜单下的"Configure Default Build Task"(配置默认生成任务)命令,在弹出的任务下拉列表里,列出了C/C++编译器的各种预定义的构建任务。选择"C/C++: cl.exe build active file"(C/C++: cl.exe生成活动文件),来构建编辑器中当前显示(活动)的文件。这时会自动创建"tasks.json"文件并存储在".vscode"文件夹,同时在编辑器中打开此文件,其内容如下:

```
01      {
02          "version": "2.0.0",
03          "tasks": [
04              {
05                  "type": "cppbuild",
06                  "label": "C/C++: cl.exe 生成活动文件",
07                  "command": "cl.exe",
08                  "args": [
09                      "/Zi",
10                      "/EHsc",
11                      "/nologo",
12                      "/Fe:",
13                      "${fileDirname}\\${fileBasenameNoExtension}.exe",
14                      "${file}"
15                  ],
16                  "options": {
17                      "cwd": "${fileDirname}"
18                  },
19                  "problemMatcher": [
20                      "$msCompile"
21                  ],
22                  "group": {
23                      "kind": "build",
24                      "isDefault": true
25                  },
26                  "detail": "编译器: cl.exe"
```

```
27          }
28      ]
29  }
```

在"task.json"文件中：

"label"后的内容只是提示用的标签，可以根据个人喜好进行设置。

"command"后指定了要运行的程序，这里是MSVC的编译程序"cl.exe"。"args"后指定了传递给"cl.exe"的参数，这些参数需要按编译器要求的顺序进行设置。此任务告诉编译器对活动的文件（＄{file}）进行编译（用"command"后的程序和"args"后的参数进行编译），并在当前文件夹（＄{fileDirname}）下创建一个扩展名为.exe，文件名与源代码文件名相同的可执行文件（＄{fileBasenameNoExtension}.exe），这里即"helloworld.exe"。

"group"下的"isDefault"设置为true，意味着可以通过Ctrl＋Shift＋B快捷键来执行此任务。如果设置为false，则可以通过点击"Terminal"菜单下的"Run Build Task"命令来生成可执行文件。

（7）执行构建（Running the Build）任务：

① 回到"helloworld.c"，使其成为当前活动的文件。即点击浏览器中或主窗口上方的文件名。

② 执行"tasks.json"中定义的任务：按Ctrl＋Shift＋B快捷键或点击"Terminal"（终端）菜单下的"Run Build Task"命令。

③ 执行任务后，可以在VS Code下方的"Terminal"面板看到编译信息，如编译成功或失败，错误和警告信息等，如图B.3.7所示。

```
PROBLEMS    OUTPUT    DEBUG CONSOLE    TERMINAL

正在启动生成...
cl.exe /Zi /EHsc /nologo /Fe: E:\ustc_c\vscode_c\helloworld\helloworld.exe E
:\ustc_c\vscode_c\helloworld\helloworld.c
helloworld.c

E:\ustc_c\vscode_c\helloworld\helloworld.c: warning C4819: ████-████████████
████(936)███ ████ ████████ ████-██████ Unicode ████-██████ █

生成已完成，但收到警告。

Terminal will be reused by tasks, press any key to close it.
```

图B.3.7　查看编译信息

④ 点击VS Code下方面板上的"＋"或点击"Terminal"菜单里的"New Terminal"命令打开一个新的终端。且处于当前工作的文件夹。输入"dir"命令可以看到生成的可执行文件"helloworld.exe"。输入".\helloworld.exe"（输入前几个字符后可以按Tab键进行自动补全），运行构建的C程序，其运行结果如图B.3.8所示。

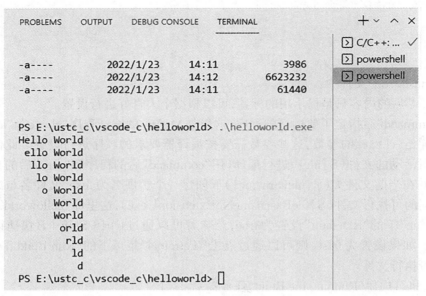

图 B.3.8 运行程序

⑤ 也可以在Windows系统的CMD窗口或PowerShell窗口运行构建后的程序。

(8) 修改"tasks.json":可以修改"tasks.json"文件,用"${workspaceFolder}\\*.c"代替${file}来编译当前文件夹下的多个C文件。也可以修改"${fileDirname}\\${fileBasenameNoExtension}.exe"为固定的执行文件,如"${workspaceFolder}\\myProgram.exe")。

(9) 调试"helloworld.c"程序:

在VS Code界面,点击"Run"(运行)菜单下的"Add Configure"(添加配置)命令,在弹出的下拉列表里,选择"C++(Windows)"。在接下来的各种预定义调试配置列表中,选择"cl.exe build and debug active file"(cl.exe生成和调试活动文件)。这时VS Code会自动创建"launch.json"文件并存储在".vscode"文件夹,同时在编辑器中打开此文件,其内容如下:

```
01        {
02        "version": "0.2.0",
03        "configurations": [
04        {
05            "name": "cl.exe — 生成和调试活动文件",
06            "type": "cppvsdbg",
07            "request": "launch",
08            "program": "${fileDirname}\\${fileBasenameNoExtension}.exe",
09            "args": [],
```

```
10          "stopAtEntry": false,
11          "cwd": "${fileDirname}",
12          "environment": [],
13          "console": "externalTerminal",
14          "preLaunchTask": "C/C++: cl.exe 生成活动文件"
15        }
16    ]
17 }
```

在"launch.json"文件中：

"program"后面指定了要调试的程序，"${fileDirname}"为活动文件所在的文件夹，而"${fileBasenameNoExtension}"为活动文件不带扩展名的文件名，即调试"helloworld. exe"。

另外，默认情况下，C/C++扩展不会在你的源代码中添加任一断点，而且"stop-AtEntry"又设置为"false"。所以在调试前需要设置断点或设置"stopAtEntry"为"true"以便调试开始后调试器可以停在断点或"main"函数入口。

①开启调试：回到 helloworld.c，使它成为活动的文件。在代码左侧空白处（即行号前）点击进行断点的设置（如"stopAtEntry"为"true"可不设置断点）。按F5快捷键或点击"Run"菜单下的"Start Debugging"（开启调试）命令开始调试。注意：开始调试后，VS Code 的界面发生了变化，在下方的"Debug Console"里显示调试器信息，在编辑器左侧多了变量（VARIABLES）和查看（WATCH）小窗等，在上方出现了调试控制条，在源代码的第一个断点或程序入口处出现高亮显示，等等。

②调试控制：点击调试工具条上或"Run"菜单下的调试控制命令进行程序调试，如"Step Over"命令一次执行一行代码，且遇到函数调用不进入函数内部；"Step Into"命令一次执行一行代码并遇到函数调用会进入函数内部；在调用的函数内部执行"Step Out"命令会跳出函数，"Continue"命令会继续执行到下一个断点等。

③查看调试信息：在终端或命令窗口查看程序执行的输出，在 VS Code 左侧的变量和查看小窗中查看变量值与添加到查看小窗中的变量或表达式的值等。在查看小窗点击鼠标右键可以添加表达式等到查看小窗，也可以在源代码中选择要查看的内容后点击鼠标右键，在弹出的菜单里选择"Add to Watch"添加到查看小窗。在源代码中将鼠标指针移到相应的对象上，也可以查看此时对象的值等。

④点击调试工具条上的"Stop"或"Run"菜单下的"Stop Debugging"命令结束程序调试。

（10）在当前文件夹或在工作区以及新建的子文件夹中添加新的 C 文件代码时，可以直接编译、运行与调试，而不用再新生成"tasks.json"和"launch.json"文件。

（11）更多的 VS Code 与 MSVC 组合的使用方法请参考软件使用手册。

6. 为 Windows 系统下的 VS Code 配置"GCC/GDB"编译调试环境

（1）安装 VS Code（参考本节中的"在 Windows 系统安装 VS Code"）编辑器。

（2）打开 VS Code，安装"C/C++"扩展（安装方法见上一节）以增强 C/C++代码的编写功能与体验。

（3）安装与配置 Windows 系统下的 GCC/GDB 编译器和调试器：

Windows 系统中，源于 GCC 的 C/C++编译器和调试器主要有 MinGW（官网：https://osdn.net/projects/mingw/）、MinGW－w64（官网：https://www.mingw－w64.org/）、TDM－GCC（官网：https://jmeubank.github.io/tdm－gcc/）等。因 MinGW 只有 32 位版本，而 MinGW－w64 和 TDM－GCC 既有 32 位版本也有 64 位版本，所以在 Windows 系统中常用 MinGW－w64 和 TDM－GCC 作为 C/C++的编译器和调试器。

如果系统中已经安装了带有 MinGW－w64 或 TDM－GCC 编译调试环境的软件，如 Code::Blocks、DevC++等，可以跳过接下来编译调试环境的安装。

下面以 MinGW－w64 为例来介绍 Windows 系统中 C/C++编译和调试环境的安装过程。

① 到官网 https://www.mingw－w64.org/downloads/下载 MinGW－W64，推荐下载 MSYS2（官网：https://www.msys2.org/）或 MingW－W64－builds 版本的 MinGW－w64。下载对应于系统（32 位或 64 位 Windows 系统等）的安装文件后运行，按照提示一步步即可完成安装。注意安装 MinGW－w64 的文件夹不要有特殊字符，如汉字、空格等。

② 如果选择 MSYS2，则 MSYS2 安装完成后要运行，即勾选"Run MSYS2 64bit now"或点击开始菜单下的"MSYS2 MSYS"命令，然后再在"MSYS2"窗口分别输入"pacman －Syu"和"pacman －Su"命令并回车以更新"MSYS2"，输入"pacman －S ――needed base－devel mingw－w64－x86_64－toolchain"命令并回车再回车以安装所有的 MinGW－w64 工具。假设"MSYS2"安装到"D:\msys64"文件夹里，那么"MinGW－w64"工具就在"D:\msys64\mingw64\bin"文件夹里。

③ 如果选择 MingW－W64－builds 版本的 MinGW－w64 通过"mingw－w64－install.exe"安装程序安装，则需要选择 GCC 的版本为最高的、架构为"x86_64"、接口协议为"win32"、异常处理为"seh"，然后选择安装文件夹并完成安装。假设安装文件夹为"D:\mgw64b"，那么"MinGW－w64"工具就在"D:\mgw64b\mingw64\bin"文件夹里。

④ 配置 Windows 系统的环境变量：在 Windows 开始菜单的搜索栏输入"环境变量"进行搜索，点击搜索结果中的"编辑系统环境变量"，在打开的"系统属性"对话框中点击"高级"标签页右下角的"环境变量"，再在打开的"环境变量"对话框中点选"系统变量"部分"变量"为"Path"的一栏后，点击下方的"编辑"按钮。然后将"MinGW－w64"工具所在的文件夹完整路径添加到"Path"里。如在 Windows 10 系统中，可以点击"新建"为"Path"添加一个新路径，再点击"浏览"找到 MinGW－w64 安装路径（如："D:

\msys64\mingw64\bin"），最后依次点击"确定"，关闭各窗口。完成系统变量的设置。

⑤ 检查MinGW－w64的安装配置：按Win＋R快捷键，输入"cmd"命令并回车，打开命令行运行窗口（或者在新打开的VS Code的Terminal窗口），输入"gcc ——version"、"g++ ——version"、"gdb ——version"等命令并回车，如果有显示gcc、g++和gdb的版本信息和版权信息，则说明MinGW－w64的安装配置成功。

（4）创建VS Code的项目文件夹（工作区），并添加源文件（有别于命令行的方式）：

① 选择工作区：打开VS Code，点击"File"菜单下的"Open Folder"命令（或按快捷键Ctrl＋O），在打开的"Open Folder"对话框中找到存放项目文件的文件夹，或点击鼠标右键创建新的项目文件夹，如"E：\ustc_c\vsc_c"，并选择。此文件夹作为VS Code项目的工作区。打开文件夹时，如果有信任提示，请勾选"信任上层文件夹的作者"并点击"是的，我信任作者…"。

② 为工作区添加项目子文件夹：在VS Code资源管理器中，将鼠标指针移动到工作区名称一栏，如图B.3.9。点击"New Folder"新建一个项目文件夹，并命名为"sum_nn"后回车。

图B.3.9　为工作区添加文件夹和源文件

③ 添加一个源文件到当前文件夹：点选刚刚创建的子文件夹"sum_nn"，在资源管理器的工作区一栏再点击"New File"新建一个项目源文件，并命名为"sum_nn.c"后回车，如图B.3.9。在工作区打开的"sum_nn.c"文件编辑界面输入以下C程序代码。

```
01  #include <stdio.h>
02  int main()    //计算连续多个自然数的和
03  {
04      int m,n,i,s=0;   //定义int变量m,n和i
05      printf("请输入起始自然数:");
06      scanf("%d",&m);   //从键盘输入一个整数给变量m
07      printf("请输入终止自然数:");
08      scanf("%d",&n);   //从键盘输入一个整数给变量n
09      for(i=m;i<=n;i++) {
10          s+=i;   //方法1:计算m~n的和
```

11	`}`
12	`printf("\n方法1:从m到n的自然数之和为:%d\n",s);`
13	`s=(m+n)*(n−m+1)/2;   //方法2:计算m~n的和`
14	`printf("\n方法2:从m到n的自然数之和为:%d\n",s);`
15	`return 0;`
16	`}`

④ 按Ctrl+S快捷键保存以上的代码。

⑤ 体验智能感知(IntelliSense):将鼠标指针移动到变量或字符串等上方,可以看到其类型等信息。

(5) 构建(Build)"sum_nn.c"(配置默认生成任务):在VS Code界面,点击"Terminal"(终端)菜单下的"Configure Default Build Task"(配置默认生成任务)命令,在弹出的任务下拉列表里,列出了C/C++编译器的各种预定义的构建任务。选择"C/C++:gcc.exe build active file"(C/C++:gcc.exe生成活动文件),来构建编辑器中当前显示(活动)的文件。这时会自动创建"tasks.json"文件并存储在".vscode"文件夹,同时在编辑器中打开此文件,其内容如下:

01	`{`
02	`"version": "2.0.0",`
03	`"tasks": [`
04	`{`
05	`"type": "cppbuild",`
06	`"label": "C/C++:gcc.exe 生成活动文件",`
07	`"command": "D:\\msys64\\mingw64\\bin\\gcc.exe",`
08	`"args": [`
09	`"−fdiagnostics−color=always",`
10	`"−g",`
11	`"${file}",`
12	`"−o",`
13	`"${fileDirname}\\${fileBasenameNoExtension}.exe"`
14	`],`
15	`"options": {`
16	`"cwd": "${fileDirname}"`
17	`},`
18	`"problemMatcher": [`
19	`"$gcc"`
20	`],`

```
21          "group": {
22              "kind": "build",
23              "isDefault": true
24          },
25          "detail": "编译器: D:\\msys64\\mingw64\\bin\\gcc.exe"
26          }
27      ]
28  }
```

在"task.json"中：

"label"后的内容只是提示用的标签，可以根据个人喜好进行设置。

"command"后指定了要运行的程序，这里是MinGW－w64的C语言编译程序"gcc. exe"。"args"后指定了传递给"gcc.exe"的参数，这些参数需要按编译器要求的顺序进行设置。此任务告诉编译器对活动的文件(\${file})进行编译(用"command"后的程序和"args"后的参数进行编译)，并在当前文件夹(\${fileDirname})下创建一个扩展名为.exe，文件名与源文件名相同的可执行文件(\${fileBasenameNoExtension}.exe)，这里即"sum_nn.exe"。

"group"下的"isDefault"设置为true，意味着可以通过Ctrl＋Shift＋B快捷键来执行此任务。如果设置为false，则可以通过点击"Terminal"菜单下的"Run Build Task"命令来生成可执行文件。

(6) 执行构建(Running the Build)任务：

① 回到"sum_nn.c"，使其成为当前活动的文件。即点击浏览器中或主窗口上方的文件名。

② 执行"tasks.json"中定义的任务：按Ctrl＋Shift＋B快捷键或点击"Terminal"菜单下的"Run Build Task"命令。

③ 执行任务后，可以在VS Code下方的"Terminal"面板看到编译信息，如编译成功或失败，错误和警告信息等，如图B.3.10所示。

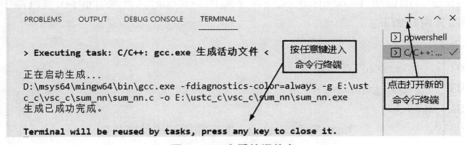

图B.3.10 查看编译信息

④ 在上面提示编译信息的小窗里按任意键，或点击VS Code下方面板上的"＋"，或

点击"Terminal"菜单里的"New Terminal"命令进入或打开一个命令行终端。此时终端处于当前工作区的文件夹里。输入"cd sum_nn"命令并回车，切换到项目的子文件夹里，再输入"dir"命令可以查看项目文件夹下生成的可执行文件"sum_nn.exe"。输入".\sum_nn.exe"（输入前几个字符后可以按Tab键进行自动补全），运行构建的C程序。程序执行的过程和结果如图B.3.11所示。注意如果程序执行时显示乱码，可输入"chcp 65001"（utf-8格式编码）命令或"chcp 936"（GBK2312格式编码）命令并回车切换显示编码后再重新执行程序。

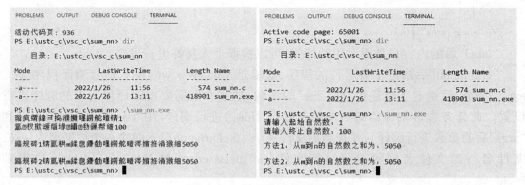

图B.3.11　执行构建后的程序

⑤ 也可以在Windows系统的CMD窗口或PowerShell窗口运行构建后的程序。

（7）修改"tasks.json"：可以修改"tasks.json"文件，用"${workspaceFolder}\\*.c"代替${file}来编译当前文件夹下的多个C文件。也可以修改"${fileDirname}\\${fileBasenameNoExtension}.exe"为固定的执行文件，如"${workspaceFolder}\\myProgram.exe"）。

（8）调试"sum_nn.c"程序：

① 在VS Code界面，点击"Run"（运行）菜单下的"Add Configure"（添加配置）命令，在弹出的下拉列表里，选择"C++（GDB/LLDB）"。在接下来的各种预定义调试配置列表中，选择"gcc.exe build and debug active file"（gcc.exe生成和调试活动文件）。这时VS Code会自动创建"launch.json"文件并存储在".vscode"文件夹，同时在编辑器中打开此文件，其内容如下：

```
01  {
02      "version": "0.2.0",
03      "configurations": [
04          {
05              "name": "gcc.exe — 生成和调试活动文件",
06              "type": "cppdbg",
07              "request": "launch",
```

```
08                     "program": " ${fileDirname} \\ ${fileBasenameNoExten-
   sion}.exe",
09                     "args": [ ],
10                     "stopAtEntry": false,
11                     "cwd": "${fileDirname}",
12                     "environment": [ ],
13                     "externalConsole": false,
14                     "MIMode": "gdb",
15                     "miDebuggerPath":   "D: \\msys64\\mingw64\\bin\\gdb.
   exe",
16                     "setupCommands": [
17                         {
18                             "description": "为 gdb 启用整齐打印",
19                             "text": "—enable—pretty—printing",
20                             "ignoreFailures": true
21                         }
22                     ],
23                     "preLaunchTask": "C/C++: gcc.exe 生成活动文件"
24                 }
25             ]
26     }
```

在"lauch.json"文件中："program"后面指定了要调试的程序,"${fileDirname}"为活动文件所在的文件夹,而"${fileBasenameNoExtension}"为活动文件不带扩展名的文件名,即调试"sum_nn.exe"。

另外,默认情况下,C/C++扩展不会在你的源代码中添加任一断点,而且"stopAtEntry"又设置为"false"。所以在调试前需要设置断点或设置"stopAtEntry"为"true"以便调试开始后调试器可以停在断点或"main"函数入口。

② 开启调试:回到 sum_nn.c,使它成为活动的文件。在代码左侧空白处(即行号前)点击进行断点的设置(如"stopAtEntry"为"true"可不设置断点)。按 F5 快捷键或点击"Run"菜单下的"Start Debugging"(开启调试)命令开始调试。注意:开始调试后,VS Code 的界面发生了变化,在下方的"Debug Console"里显示调试器信息,在编辑器左侧多了变量(VARIABLES)和查看(WATCH)小窗等,在上方出现了调试控制条,在源代码的第一个断点或程序入口处出现高亮显示等。

③ 调试控制:点击调试工具条上或"Run"菜单下的调试控制命令进行程序调试,如"Step Over"命令一次执行一行代码且遇到函数调用不进入函数内部、"Step Into"命令一

次执行一行代码并遇到函数调用会进入函数内部、在调用的函数内部执行"Step Out"命令会跳出函数、"Continue"命令会继续执行到下一个断点等。

④ 查看调试信息：在终端或命令窗口查看程序执行的输出，在VS Code左侧的变量和查看小窗中查看变量值与添加到查看小窗中变量或表达式的值等。在查看小窗点击鼠标右键可以添加表达式等到查看小窗，也可以在源代码中选择要查看的内容后点击鼠标右键，在弹出的菜单里选择"Add to Watch"添加到查看小窗。在源代码中将鼠标指针移到相应的对象上，也可以查看此时对象的值等。

⑤ 点击调试工具条上的"Stop"或"Run"菜单下的"Stop Debugging"命令结束程序调试。

（9）在当前文件夹或在工作区以及新建的子文件夹中添加新的C文件代码时，可以直接编译、运行与调试，而不用再重新生成"tasks.json"和"launch.json"文件。

（10）更多的VS Code与MinGW－w64组合的使用方法请参考软件使用手册。

7. C/C++扩展的更多配置

通过c_cpp_properties.json配置文件可以设置与C/C++程序设计相关的更多参数，如编译器路径、头文件路径、C/C++标准等等。

点击VS Code软件界面左下角的管理图标，再点击"Command Palette"（"命令面板"），或者直接按快捷键Ctrl＋Shift＋P打开命令模板，输入"C/C++"后，在下拉列表中选择"C/C++：Edit Configurations(UI)"（C/C++：编辑配置（用户接口）），在打开的"MicroSoft C/C++扩展"配置界面（如图B.3.12），按实际需要设置对应的选项，如编译器路径、编译器参数、智能感知模式、头文件路径、C/C++标准等。

图B.3.12 "MicroSoft C/C++扩展"的配置界面

自定义配置项的内容会自动写入"c_cpp_properties.json"文件里，并存储到工作区的".vscode"文件夹。点击配置页面左侧的"c_cpp_properties.json"文件链接，可以打开"c_cpp_properties.json"文件，其内容如下：

```
01      {
02          "configurations": [
03              {
04                  "name": "Win32",
05                  "includePath": [
06                      "${workspaceFolder}/**"
07                  ],
08                  "defines": [
09                      "_DEBUG",
10                      "UNICODE",
11                      "_UNICODE"
12                  ],
13                  "windowsSdkVersion": "10.0.17763.0",
14                  "compilerPath": "D:/msys64/mingw64/bin/gcc.exe",
15                  "cStandard": "c99",
16                  "cppStandard": "c++17",
17                  "intelliSenseMode": "windows-gcc-x64",
18                  "browse": {
19                      "path": [
20                          "${workspaceFolder}",
21                          "D:\\msys64\\mingw64\\include"
22                      ]
23                  },
24                  "compilerArgs": [
25                      "-Wall",
26                      "-Wextra",
27                      "-Wpedantic"
28                  ]
29              }
30          ],
31          "version": 4
32      }
33
```

B.4　Visual Studio

Visual Studio是一款功能强大的软件开发工具，支持Windows、MacOS等系统，可进行跨平台开发，支持C♯、C＋＋、Python、Java等多种主流开发语言。Visual Studio软件拥有完整的开发工具集，涵盖了整个软件生命周期中所需要的大部分工具，如UML建模工具、代码管控工具、集成开发环境（IDE）等。

Visual Studio是最流行的Windows平台应用程序的集成开发环境。虽然Visual Studio功能强大，但是安装程序大，使用也相对复杂。初学者可根据个人喜好选择使用。下面以Visual Studio 2019版本为例简单介绍其安装过程和使用方法。

1. VS官方网站

https://visualstudio.microsoft.com/zh-hans/vs/

2. 下载安装VS

VS（Visual Studio）主要提供三种版本：社区版（面向学生、开放源代码和个人开发者的免费且功能齐全的IDE）、专业版（适用于小型团队的专业开发工具、服务和订阅权益）及企业版（满足各种规模团队的高质量和规模需求的端到端解决方案）。在日常学习中，使用社区版就可以完成代码的编写、调试及测试等基本功能。

到官网"https://visualstudio.microsoft.com/zh-hans/downloads/"可以下载最新的Visual Studio，也可以点击网页最下方的"较早的下载项"下载之前的版本，注意这里需要登录（可免费注册的）才可以下载之前的版本。这里下载Visual Studio社区版2019的安装文件，然后执行安装程序开始安装。按照安装程序的提示，选择要安装软件的工作负荷（一般选择C＋＋桌面开发和VS扩展开发即可）、组件（可以选择不同的C＋＋版本等）、语言支持（可选择中文支持）以及安装到计算机中的文件夹（可保留默认）等开始并完成Visual studio社区版2019的安装。

3. Visual Studio 软件的使用

（1）运行Visual Studio社区版2019软件（需要用微软账户登录），在启动界面中可以打开已创建的项目，也可以点击右下角的"创建新项目（N）"按钮创建一个新的项目，如图B.4.1所示。进入软件界面后，在Visual Studio的菜单栏上，选择"文件"菜单下"新建"子菜单里的"项目"命令，打开"创建新项目"窗口。

（2）在打开的"创建新项目"窗口（如图B.4.2），选择项目模板列表中的"控制台应用"，然后点击"下一步"按钮。

（3）在图B.4.3所示的"配置新项目"对话框中，在"项目名称"编辑框输入新项目的名称为"helloworld"。并勾选"将解决方案和项目放在同一目录中"，然后点击"创建"按钮创建新的项目。

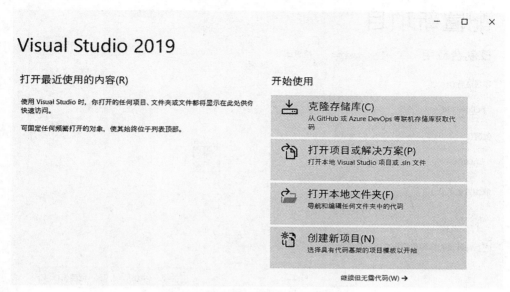

图 B.4.1　Visual Studio 2019 开始界面

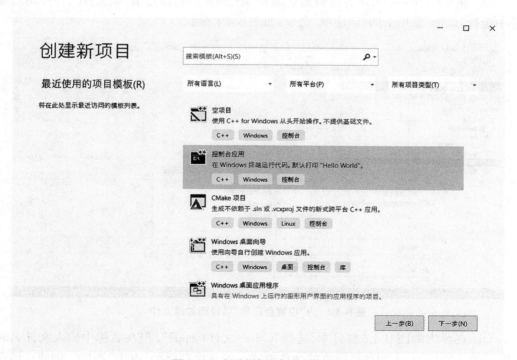

图 B.4.2　创建"控制台应用"项目

配置新项目

控制台应用　C++　Windows　控制台

项目名称(J)

helloworld

位置(L)

E:\codes\vs\

解决方案名称(M) ⓘ

helloworld

☑ 将解决方案和项目放在同一目录中(D)

上一步(B)　　创建(C)

图 B.4.3　配置"控制台应用"项目

（4）在 VS 左侧的"解决方案资源管理器"中，用鼠标右键点击"源文件"，在弹出的菜单中选择"添加"菜单下的"新建项"命令，如图 B.4.4 所示。

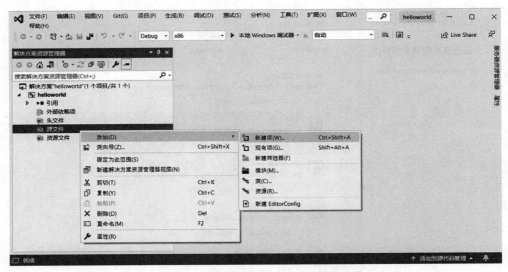

图 B.4.4　为"控制台应用"项目添加源文件

（5）在弹出的图 B.4.5 窗口中，选择"C++文件(.cpp)"，但在名称中输入文件名时用".c"的文件后缀，表明是 C 语言的文件格式。选择保存路径，点击"添加"，创建 C 语言源文件。

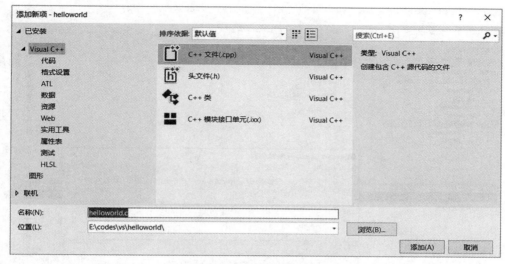

图 B.4.5　设置源文件类型

（6）在代码编辑窗口中输入以下的程序代码，如图 B.4.6 所示。

图 B.4.6　输入 C 程序代码

（7）按 Ctrl＋F5 快捷键或者在主菜单栏中点击"调试"菜单下的"开始执行"命令编译运行程序代码。按 F5 快捷键或者在主菜单栏中点击"调试"菜单下的"开始调试"命令启动程序调试。如果程序没有错误，会在界面下方的"输出"窗口显示相关信息并弹出执行结果窗口，如图 B.4.7 所示。

如果程序代码中设置了调试断点（在图 B.4.8 红点所示区域单击可增加或删除断点），则按 F5 快捷键会进入调试模式。

点击调试工具栏的相关图标按钮，可以完成停止、重新启动、逐语句（F11）、逐过程（F10）、跳出（Shift＋F11）调试等操作。在界面左下方窗口中可以观察变量值的实时变化等调试信息。

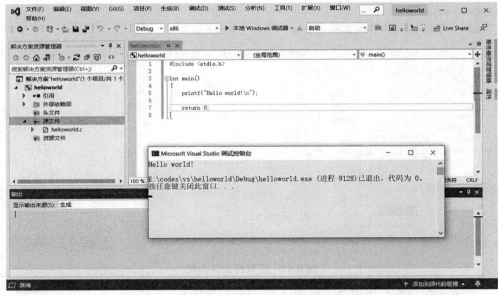

图 B.4.7　编译与执行 C 程序

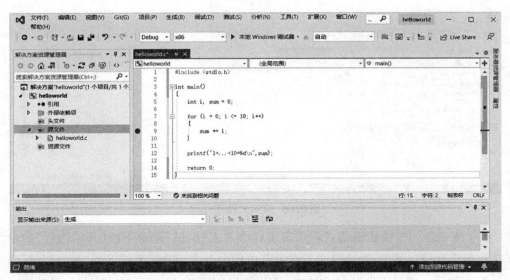

图 B.4.8　在源文件设置断点

（8）更多的 Visual Studio 软件使用方法请参考软件手册。

参 考 文 献

[1] 王雷,王百宗,李玉虎,等.计算机程序设计学习实践:实验指导书[M].合肥:中国科学技术大学出版社,2022.

[2] 王雷,白雪飞,王嵩,等.程序设计与计算思维:基于C语言[M].北京:电子工业出版社,2022.

[3] 贾伯琪.计算机程序设计学习指导与实践[M].合肥:中国科学技术大学出版社,2012.

[4] 贾伯琪,等.计算机程序设计:C语言版[M].北京:机械工业出版社,2011.

[5] Tim R.算法详解:卷1,算法基础[M].徐波,译.北京:人民邮电出版社,2019.

[6] Brian W K,Dennis M R. C程序设计语言:2版[M].徐宝文,李志,译.北京:机械工业出版社,2019.

[7] Stephen P.C Primer Plus:6版[M].姜佑,译.北京:人民邮电出版社,2016.

[8] Donald K.计算机程序设计艺术:卷1,基本算法:3版[M].李伯民,范明,蒋爱军,译.北京:清华大学出版社,2002.

[9] Jon B.编程珠玑:2版[M].黄倩,钱丽艳,译.北京:人民邮电出版社,2019.

[10] 窦万峰,李亚楠,潘媛媛,等.软件工程方法与实践[M].3版.北京:机械工业出版社,2016.

[11] 教育部教育考试院.全国计算机等级考试二级C语言程序设计考试大纲:2022年版[EB/OL].https://ncre.neea.edu.cn/html1/report/21124/245-1.htm.

[12] 前桥和弥.征服C指针:2版[M].朱文佳,译.北京:人民邮电出版社,2021.

[13] 谭浩强,鲍有文,等.C程序设计试题汇编[M].3版.北京:清华大学出版社,2012.

[14] Andrew K.C陷阱与缺陷[M].高巍,译.北京:人民邮电出版社,2002.

[15] King K N.C语言程序设计现代方法:2版[M].吕秀锋,黄倩,译.北京:人民邮电出版社,2010.